U0226350

中国 ESG 研究院文库

主　编：钱龙海　柳学信

国内外 ESG 评价与评级比较研究

王　凯　邹　洋　主编

Comparative Study of
Domestic and Foreign ESG
Evaluation and Rating

经济管理出版社

ECONOMY & MANAGEMENT PUBLISHING HOUSE

图书在版编目（CIP）数据

国内外 ESG 评价与评级比较研究/王凯，邹洋主编 . —北京：经济管理出版社，2021. 10 （2022.7 重印）

（中国 ESG 研究院文库/钱龙海，柳学信主编）

ISBN 978 - 7 - 5096 - 8120 - 6

Ⅰ.①国…　Ⅱ.①王…　②邹…　Ⅲ.①企业环境管理—评价指标—对比研究—世界　Ⅳ.①X322

中国版本图书馆 CIP 数据核字（2021）第 135859 号

组稿编辑：梁植睿
责任编辑：梁植睿
责任印制：黄章平
责任校对：王淑卿

出版发行：经济管理出版社
　　　　　（北京市海淀区北蜂窝 8 号中雅大厦 A 座 11 层　100038）
网　　　址：www. E - mp. com. cn
电　　话：（010）51915602
印　　刷：唐山玺诚印务有限公司
经　　销：新华书店
开　　本：720mm × 1000mm/16
印　　张：14.5
字　　数：208 千字
版　　次：2021 年 10 月第 1 版　　2022 年 7 月第 2 次印刷
书　　号：ISBN 978 - 7 - 5096 - 8120 - 6
定　　价：68.00 元

中国 ESG 研究院文库总序

  环境、社会和治理是当今世界推动企业实现可持续发展的重要抓手，国际上将其称为 ESG。ESG 是环境（Environmental）、社会（Social）和治理（Governance）三个英文单词的首字母缩写，是企业履行环境、社会和治理责任的核心框架及评估体系。为了推动落实可持续发展理念，联合国全球契约组织（UNGC）于 2004 年提出了 ESG 概念，得到各国监管机构及产业界的广泛认同，引起国际多双边组织的高度重视。ESG 将可持续发展包含的丰富内涵予以归纳整合，充分发挥政府、企业、金融机构等主体作用，依托市场化驱动机制，在推动企业落实低碳转型、实现可持续发展等方面形成了一整套具有可操作性的系统方法论。

  当前，在我国大力发展 ESG 具有重大战略意义。一方面，ESG 是我国经济社会发展全面绿色转型的重要抓手。中央财经委员会第九次会议指出，实现碳达峰、碳中和"是一场广泛而深刻的经济社会系统性变革"，"是党中央经过深思熟虑作出的重大战略决策，事关中华民族永续发展和构建人类命运共同体"。为了如期实现 2030 年前碳达峰、2060 年前碳中和的目标，党的十九届五中全会提出"促进经济社会发展全面绿色转型"的重大部署。从全球范围来看，ESG 可持续发展理念与绿色低碳发展目标高度契合。经过十几年的不断完善，ESG 在包括绿色低碳在内的环境领域已经构建了一整套完备的指标体系，通过联合国全球契约组织等平台推动企业主动承诺改善环境绩效，推动金融机构的 ESG 投资活动改变被投企业行为。目前联合国全球契约组织已经聚集了超过 1.2 万家领军企业，遵循 ESG 理念的投资机构管理的资产规模超过 100 万亿美元，汇聚成为推动绿色低碳发展的强大力量。积极推广 ESG 理念、建立 ESG 披露标准、完善 ESG 信息披露、促进企业 ESG 实践，充分发挥 ESG 投资在推动碳达峰、碳中和过程中的激励约束作用，是我国经济社会发展全面绿色转型的重要抓手。

另一方面，ESG 是我国参与全球经济治理的重要阵地。气候变化、极端天气是人类面临的共同挑战，贫富差距、种族歧视、公平正义、冲突对立是人类面临的重大课题。中国是一个发展中国家，发展不平衡不充分的问题还比较突出；同时，中国也是一个世界大国，对国际社会负有大国责任。2021 年 7 月 1 日，习近平总书记在庆祝中国共产党成立 100 周年大会上的重要讲话中强调，中国始终是世界和平的建设者、全球发展的贡献者、国际秩序的维护者，展现了负责任大国致力于构建人类命运共同体的坚定决心。大力发展 ESG 有利于更好地参与全球经济治理。

大力发展 ESG 需要打造 ESG 生态系统，充分协调政府、企业、投资机构及研究机构等各方关系，在各方共同努力下向全社会推广 ESG 理念。目前，国内关于绿色金融、可持续发展等主题已有多家专业研究机构。首都经济贸易大学作为北京市属重点研究型大学，拥有工商管理、应用经济、管理科学与工程和统计学四个一级学科博士学位点及博士后站，依托国家级重点学科"劳动经济学"、北京市高精尖学科"工商管理"、省部共建协同创新中心（北京市与教育部共建）等研究平台，长期致力于人口、资源与环境、职业安全与健康、企业社会责任、公司治理等 ESG 相关领域的研究，积累了大量科研成果。基于这些研究优势，首都经济贸易大学与第一创业证券股份有限公司、盈富泰克创业投资有限公司等机构于 2020 年 7 月联合发起成立了首都经济贸易大学中国 ESG 研究院（China Environmental, Social and Governance Institute，以下简称研究院）。研究院的宗旨是以高质量的科学研究促进中国企业 ESG 发展，通过科学研究、人才培养、国家智库和企业咨询服务协同发展，成为引领中国 ESG 研究和 ESG 成果开发转化的高端智库。

研究院自成立以来，在科学研究、人才培养及对外交流等方面取得了突破性进展。研究院围绕 ESG 理论、ESG 披露标准、ESG 评价及 ESG 案例开展科研攻关，形成了系列研究成果。一些阶段性成果此前已通过不同形式向社会传播，如在《当代经理人》杂志 2020 年第 3 期 "ESG 研究专题" 中发表，在 2021 年 1 月 9 日研究院主办的首届 "中国 ESG 论坛" 上发布等，产生了较大的影响力。近期，研究院将前期研究课题的最终成果进行了汇总整理，并以 "中国 ESG 研究院文库" 的形式出版。这套文库的出版，能够多角度、全方位地反映中国 ESG 实践与理论研究的最新进展和成果，既有利于全面推广 ESG 理念，也可以为政府部门制定 ESG 政策和企业开展 ESG 实践提供重要参考。

尚福林

首都经济贸易大学中国 ESG 研究院
评价研究中心课题组

课题组负责人： 王　凯

课题组协调人： 邹　洋　林慧婷　廉永辉

课题组主要成员：（按姓氏拼音排序）

董文博　付　兵　郝月然

胡章回　李　靖　李　芹

李胡扬　李婷婷　马超宁

茹思雨　邵可心　申凡伟

王　原　王　喆　王臣博

王辰烨　徐佳琪　周　慧

朱静静

前　言

　　"十四五"规划纲要指出,经济社会发展要以推动高质量发展为主题,这是对我国经济已由高速增长阶段转向高质量发展阶段的科学判断。在新发展阶段,要把高质量发展这一主题贯穿于"十四五"时期经济社会发展各领域和全过程,而 ESG 正是贯彻新发展理念、构建新发展格局的有力抓手之一。ESG(Environmental, Social and Governance)是一种兼顾环境、社会和治理效益的可持续发展框架和工具,体现了追求长期价值增长的理念和价值观。在环境(E)方面,需要坚定不移地贯彻落实可持续发展战略,推动形成人类与自然和谐共生的新格局,助力实现碳达峰和碳中和的新目标。在社会(S)方面,需要着力解决企业经济发展与社会发展相平衡的问题,监督企业履行对于员工、股东、社区和政府等利益相关者的责任,以建立可持续发展的和谐社会。在治理(G)方面,需要规范上市公司市场行为,提高上市公司质量,优化上市公司治理结构,以此提高上市公司治理水平,防范上市公司潜在的治理风险。为实现上述环境、社会和治理方面的高质量发展目标,积极推动、深化和落实 ESG 理念十分重要。虽然 ESG 理念在欧美等发达国家已有一定的发展,但在我国,ESG 理念方兴未艾,需要政府监管部门、投资机构、企业和大学及研究机构等携手共进,共同打造 ESG 生态系统,加快 ESG 理念在我国的推广与实践。

ESG 评价与评级①是践行 ESG 理念的重要抓手，是衡量企业 ESG 绩效的工具。通过开展 ESG 评价，有利于"以评促改"，推动企业持续改进 ESG 实践；有利于为政府出台相关政策提供支持，从而充分发挥其规范者的作用；有利于投资机构更好地对企业的 ESG 实践进行评价，进行 ESG 投资；有利于学术研究机构围绕 ESG 展开理论分析与实证检验。因此，建立和完善标准化的 ESG 评价指标体系具有重要意义。

目前，国内外已有相关机构进行了 ESG 评价体系的开发。国外主要的 ESG 评价体系有 KLD ESG 评价体系、MSCI ESG 评价体系、Sustainalytics ESG 评价体系、汤森路透 ESG 评价体系、富时罗素 ESG 评价体系、标普道琼斯（RobecoSAM）ESG 评价体系、Vigeo Eiris ESG 评价体系等；国内主要的 ESG 评价体系有商道融绿 ESG 评价体系、社会价值投资联盟 ESG 评价体系、嘉实基金 ESG 评价体系、中央财经大学绿色金融国际研究院 ESG 评价体系、华证 ESG 评价体系、润灵 ESG 评价体系、中国证券投资基金业协会 ESG 评价体系等。这些机构的评价与评级结果已经应用在机构投资以及学术研究中，但目前已有的 ESG 评价体系在理论基础、评价导向、指标选取等方面与中国情境的契合度仍有待提升。

为使读者更好地了解国内外 ESG 评价现状，本书对国内外 ESG 评价指标体系进行了梳理与比较，并分析了各评价体系结果之间存在差异的原因。在此基础上，提出中国 ESG 研究院对上市公司的 ESG 评价原则，设计相应的评价指标体系，并对我国金融业和批发零售业上市公司的 ESG 实践进行评价。

本书是在中国 ESG 研究院文库编委会指导下，由 ESG 评价课题组编写完成的。各章编写分工如下：第 1 章，马超宁、李婷婷；第 2 章，李胡扬、付兵；第 3 章，李胡扬、付兵、周慧；第 4 章，王喆；第 5 章，邹

---

① ESG 评价是指对受评主体 ESG 表现的评估及测量，而 ESG 评级是指根据评价结果进一步划分等级。具体而言，相关机构首先基于一定的评价方法对企业进行 ESG 评价，然后根据评价结果对企业进行 ESG 评级分类。鉴于两者是同一活动的不同表现形式，本书将不再对 ESG 评价与 ESG 评级作详细区分。

洋、王喆；第 6 章，王辰烨；第 7 章，李婷婷、王凯；第 8 章，马超宁、王凯。同时，中国 ESG 研究院的研究员林慧婷、廉永辉在评价指标体系的设计、评价结果的分析等方面提供了专业建议，助理研究员申凡伟、董文博、王原、王臣博、郝月然、李芹、邵可心、朱静静、李靖、茹思雨、胡章回、徐佳琪在资料与数据的收集、整理等方面亦有贡献。此外，本书在写作过程中也得到了国家自然科学基金资助项目（71702114）、首都经济贸易大学青年学术创新团队（高质量公司治理机制与创新战略研究团队）的资助。

新时代，ESG 理念亟须进一步深化与落实。希望本书的出版能够使学术界与实践界增进对 ESG 及其评价重要性的认识，为 ESG 理念的推行以及企业 ESG 的评价做出贡献。希望通过本书中 ESG 评价指标体系的设计与构建，为各界应用当前的评价结果、探讨更加合理的评价指标体系提供参考，进而提升我国上市公司 ESG 信息披露水平，推动我国经济的可持续和高质量发展。当然，撰写过程中由于水平所限，难免出现纰漏与不足之处，欢迎各界专家、学者批评指正。

目　录

第1章　引言

1.1　ESG 背景

ESG 理念最早起源于 20 世纪 70 年代。直至 2004 年，联合国环境规划署首次将 ESG 概念进行明确，要求企业在发展过程中注重环境保护责任、履行社会责任、完善公司治理。ESG 由环境（E）、社会（S）和治理（G）三大分支构成，是一种兼顾经济、环境、社会和治理效益可持续协调发展的价值观，是一种追求长期价值增长的理念。其中，环境（E）部分主要包含：气候变化、排放物（温室气体、废弃物）产出与处置、自然资源（水、气、电）使用、节能环保技术（能源使用效率、绿色技术）以及员工环境意识；社会（S）部分主要包含：员工（多样性、薪酬、培训、员工关系等）、客户（产品安全性、负责任营销、供应链管理等）和社区（人权、公益行为、透明度等）；治理（G）部分主要包含：管治架构（所有权治理结构、董事会结构等）、政策（会计政策、薪酬体系等）、透明度、独立性和股东权利等（唐晓萌和柳学信，2020）。

无论是在实业界、政府还是学术界，ESG 的重要性和其存在的必要性都非同小可。一方面，ESG 延伸并丰富了绿色投资与责任投资的理念；

另一方面，ESG 作为一种衡量标准，能够对当前国际社会中企业绿色可持续发展的水平进行可靠分析，能为企业、投资方等在进行投资选择时提供参考标准，对于企业、经济和社会的价值巨大。目前，ESG 投资理念在国内外均有实践应用，并且基于不同国家的发展阶段和制度特点，各国对 ESG 的内涵界定、要求与应用展现出不同的特征。新时代，为贯彻新发展理念，建设现代化经济体系，ESG 的理论、政策与具体实践应立足中国问题、关注中国企业现状，对于解决我国社会环境、企业内部治理及经济社会可持续发展具有重要意义。

1.1.1 可持续发展困境

1.1.1.1 环境污染

2020 年 6 月，《2019 中国生态环境状况公报》和《2019 年中国海洋生态环境状况公报》① 正式推出，揭示出我国生态环境问题的尖锐性。两份《公报》显示，目前我国距离建设美丽中国的目标还有相当大的差距，从空气质量、水质、自然生态系统等方面来看，我国面临的生态困境依然需要被高度重视。具体来看，空气污染程度依旧严重，2019 年全国地级及以上城市 PM 2.5 平均浓度为 36 微克/立方米，距离国家标准差距显著，亟待治理；水污染状况普遍存在，黄河、淮河、辽河、海河和松花江流域水质总体仍为轻度污染，生活饮用水源相关参数超标的情况时有发生；海洋水质污染严重，近岸海域有 13 个海湾在春、夏、秋三期监测中均出现劣四类水质；中西部地区自然生态脆弱的情况持续存在。上述数据反映出我国生态环境所面临的形势十分严峻，亟待改善。

从国际环境来看，全球环境问题同样不容乐观。诸如森林锐减、草场退化、沙漠扩大、大气污染、水污染等问题，已深入人类生产、生活的各个方面。随着各国二氧化碳大量排放，温室效应骤增，严重威胁人类的生命安全。这些危害的影响往往具有全球化的趋势，例如酸雨、气候变暖、

---

① 资料来源：光明网（http：//news. youth. cn/gn/202006/t20200602_12353078. htm）。

臭氧层空洞等，都给全球环境带来了致命的影响。

造成环境及气候恶化的根源，在于人类不加节制地进行生产性活动，诸如大型制造业、服务业、运输业等行业的发展，其生产和经营过程中所带来的环境污染是不可逆的，对于生态环境的打击是致命的。究其原因，在于行业的发展是由一个个企业所组成的，每个企业的污染和排放都使原本脆弱的生态环境雪上加霜。因此，从企业层面进行关注和治理是解决我国乃至全球范围生态环境问题的根本路径。ESG 本身对于 E（环境）的关注，符合我国当前亟须治理严峻生态环境形势的要求，能够通过控制与处置企业排放物的产出、促进企业采用节能环保技术、增强员工的环保意识等方法，为我国生态环境的改善做出有力贡献。也正是基于上述考虑，ESG 在全球范围内开始广泛流行，ESG 概念一经推出，就受到了社会、投资界、企业界及政界的广泛关注，反映出全世界人民对于环境问题的重视和态度。因此，进行 ESG 体系建设和发展是时代的选择，是历史的必然。

1.1.1.2　企业社会责任履行不足

企业社会责任的承担力度与企业能否实现长期繁荣息息相关，它能够极大程度地影响企业形象、企业声誉及品牌价值。而当今社会，企业在一味追求高额经济利润的过程中迷失了自我，将企业社会责任抛之脑后的例子屡见不鲜。2021 年"3·15 晚会"曝光了一系列企业的劣迹①：苏州万店掌网络科技有限公司、深圳瑞为信息技术有限公司等企业所提供的摄像头产品，在未获取个人信息主体授权的情况下，擅自获取上亿客户人脸数据量，严重违背《信息安全技术个人信息安全规范》的相关规定；360 搜索和 UC 浏览器，为无资质公司投放虚假医药广告，诱导消费者购买；福特汽车变速箱设计缺陷导致行驶过程产生严重的安全隐患，福特汽车各地4S 店不仅不提前告知客户，并且将责任全数推给消费者……凡此种种，皆透露出企业社会责任意识缺失的真相，企业道德感和社会责任意识的丧

---

① 资料来源：央视网（http：//315.cctv.com/）。

失所带来的后果不仅是消费者缺乏安全保障，更是企业和消费者之间信任关系的崩塌，给市场秩序造成严重的不良影响，制约我国社会秩序、经济体系的稳定和繁荣发展。然而，仅凭道德约束很难彻底走出上述企业社会责任缺失的困境，而 ESG 这一新型投资理念，能够在企业评级和投资选择时将员工关系、是否保证产品安全性、公益行为、透明度等反映企业社会责任履行程度的指标考虑在内，从而在根本上起到约束企业行为的作用，帮助企业形成履行社会责任的良好习惯，促进企业的可持续发展。

1.1.1.3　公司治理难题

一直以来，企业内部公司治理机制不健全的问题普遍存在，由此引发的一系列问题，制约着企业的良性发展。从以往案例来看，公司治理机制不健全的危害性极大，会给公司经营带来巨大风险，严重损害股东权益。在现代企业当中，公司股权和控制权争夺、大股东或实际控制人侵害中小股东权益、公司内控失效等问题时有发生。例如，中弘控股出现实际控制人违规收购、侵占公司利益的问题；盛运环保违规担保，关联方占款严重；瑞幸咖啡和康美药业财务造假事件等。公司"丑闻"频发，无一不说明我国距离公司治理机制健全完善仍旧任重道远。正所谓"祸起萧墙"，公司治理问题是我国企业所面临的重大内生风险，需要政府、社会同企业一道，共同推进治理结构的完善和治理机制的不断改进，为我国企业的规范化运行提供保障。为解决上述公司治理难题，ESG 关注的 G（治理）层面，能够有效督促企业提升自身治理结构、董事会结构、薪酬体系、透明度等反映公司治理水平的指标，进而保障股东权益，促进治理体系向着更加完备的方向前行。摒弃诸如财务造假、侵占公司利益、侵害中小股东权益等恶性事件的发生，从结构上帮助企业肃清可持续发展道路上的治理障碍。

1.1.2　中国推进 ESG 的政策背景

1.1.2.1　环境政策

为从根本上解决生态困境，降低环境污染程度，响应全球生态系统保护的号召，向着美丽中国的目标不断前进，我国政府就此问题一直在做着不懈的努力。1973 年 8 月，我国在北京召开了第一次全国环境保护会议，通过了第一个全国性环境保护文件《关于保护和改善环境的若干规定（试行）》；1978 年 3 月，五届全国人大一次会议通过了《中华人民共和国宪法》，其中明确规定国家要保护环境和自然资源，防止污染和其他公害；随后，我国又分别召开了第二次、第三次全国环境保护会议，奠定了我国环境保护政策发展的基础。此外，自 1992 年我国环保政策进入新阶段后，一系列环境政策相继推出，其中包括 1992 年的《中国环境与发展十大对策》、1994 年的《中国 21 世纪议程——中国 21 世纪人口、环境与发展白皮书》、1996 年的《中国跨世纪绿色工程规划》、2005 年的《关于落实科学发展观加强环境保护的决定》、2014 年的《中华人民共和国环境保护法》、2018 年的《打赢蓝天保卫战三年行动计划》、2019 年的《政府工作报告》（把生态文明建设和生态环境保护工作作为重要内容阐述）和《柴油货车污染治理攻坚战行动计划》、2020 年的《京津冀及周边地区、汾渭平原 2020—2021 年秋冬季大气污染综合治理攻坚行动方案》等①。

在 2021 年"两会"上，"碳达峰、碳中和"被首次写入《政府工作报告》②，也成为代表委员们讨论的"热词"。具体而言，"碳达峰"是指我国承诺在 2030 年前，二氧化碳的排放量不再增长，达到峰值之后逐步降低。"碳中和"是指企业、团体或个人测算在一定时间内直接或间接产生的温室气体排放总量，然后通过植树造林、节能减排等形式，抵消自身产生的二氧化碳排放量，实现二氧化碳"零排放"。在我国产业链日益完善、产能不断提升的今天，如何控制碳排放量成为面临的重大问题，因此，发展低碳经济、重塑能源体系对于我国经济可持续发展具有重要意义。

此外，我国"十四五"规划纲要也明确指出，要坚定不移贯彻创新、

---

① 资料来源：内容引自中华人民共和国生态环境部（http：//www. mee. gov. cn/）。
② 资料来源：《中国青年报》（https：//baijiahao. baidu. com/s？id = 1693813581679314333&wfr = spider & for = pc）。

协调、绿色、开放、共享的新发展理念，推动高质量发展。在秉持着"绿水青山就是金山银山"的理念下，深入实施可持续发展战略，从经济社会形态入手，着力推动经济向着全面绿色转型，打造人与自然和谐共生的现代化经济社会环境。为落实上述目标，"十四五"规划纲要中明确提出四大行动方向：其一，加快推动绿色低碳发展，主要通过发展绿色金融、支持绿色技术创新、大力推进环保及清洁产业有序发展等途径来实现；其二，持续改善环境质量，大力提倡节能减排、消除污染、污染物区域化协同治理等措施；其三，提升生态系统质量和稳定性，加强湖泊、农田、绿地、水域、林地、沙漠等区域的治理；其四，全面提高资源利用效率，推进科学的资源配置，通过多元化、市场化的方式促进资源循环利用。综合来看，我国在环境治理方面面临巨大挑战，需要全社会为此共同努力，环境保护和生态环境治理是当前我国的重要社会目标和政治目标之一。

1.1.2.2　企业社会责任政策

自改革开放以来，我国市场化程度不断加深，企业发展同经济发展一道，处于飞速发展的进程中。传统经济社会中，追求股东利润最大化是所有企业的共同目标，然而，随着国际社会和经营环境的逐渐复杂化，衍生出许多新的问题，包括雇员福利问题、产品质量问题以及环境污染问题等，如此种种对社会的和谐稳定带来了一定的冲击和隐患。由此，"企业社会责任"这一概念应运而生，成为探索企业发展新方向的重要议题。对企业经营情况的衡量分为两个部分，即经济价值和社会价值，企业社会责任报告可以同财务报告一道，全面衡量企业的财务和非财务信息，为综合衡量企业价值提供新方法，更好地实现企业可持续发展。

2006 年 9 月，深圳证券交易所发布《上市公司社会责任指引》，要求上市公司积极履行社会责任，定期评估公司社会责任的履行情况，自愿披露企业社会责任报告①。2008 年，上海证券交易所发布了《关于加强上市

---

① 资料来源：中国证券监督管理委员会（http://www.csrc.gov.cn/pub/shenzhen/xxfw/tzzsyd/ssgs/sszl/ssgsfz/200902/t20090226_95495.htm）。

公司社会责任承担工作的通知》和《上海证券交易所上市公司环境信息披露指引》，倡导各上市公司积极承担社会责任，落实可持续发展及科学发展观[1]，由此，关于企业社会责任的承担开始在我国受到了关注。然而，回顾我国社会和企业发展进程，我国企业在发布社会责任报告、开展社会责任信息披露等方面仍存在不少问题。由于我国采用非强制性社会责任披露制度，A 股上市企业发布的 CSR 报告数量极低。为改善上述问题，我国于 2015 年 6 月正式发布《社会责任指南》和《社会责任报告编写指南》[2]，上述两项国家标准于 2016 年 1 月起正式实施。自此，企业发布社会责任报告的数量逐年上升，此项工作的落实对于我国经济社会和企业的良性发展具有重大意义（于帆，2015）。对于社会而言，能够促进我国企业信息披露机制的健全，打造良好的营商环境，建立可持续发展的市场机制；对于企业而言，发布社会责任报告，真实有效地披露企业履行社会责任的各项指标，有助于提升企业品牌形象，吸引更多消费，拉动投资。同时，帮助企业搭建完善的预警机制，及早发现企业经营过程中存在的隐患、风险和机遇，对于隐患和风险能够及时采取应对措施，而对于未来机遇，则需要全面把握，为企业未来的稳定和繁荣提供保障。

1.1.2.3　公司治理政策

对公司治理问题的探讨，是我国政界和企业界一直以来的关注重点。其中，针对上市公司的公司治理政策相对较多。2010 年 1 月，国务院国资委主办"公司治理论坛"，通过分析雷曼、安然等公司治理失败的案例，探讨董事会、高级管理层和运营经理层之间决策权、执行权和责任合理分配的公司治理体系，以及如何发挥董事会在公司战略管理、风险和财务管理、绩效管理、董事会文化建设等诸多方面的作用。2010 年 11 月，中国银监会印发《融资性担保公司公司治理指引》。2011 年 12 月，召开以"整体上市、信息披露与上市公司发展"为主题的第十届中国公司治

---

① 资料来源：上海证券交易所（http://www.sse.com.cn/）。
② 资料来源：《社会责任指南》（GB/T 36000 – 2015）、《社会责任报告编写指南》（GB/T 36001 – 2015）。

理论坛，从六个方面促进完善公司治理，例如加强对控股股东、董事、监事、高管的监管和问责，加大对不当行为的惩处力度，进一步提高上市公司的透明度等。2013 年 7 月，中国银监会印发《商业银行公司治理指引》。2019 年 11 月，中国银保监会发布《银行保险机构公司治理监管评估办法（试行）》，从股东治理、董事会治理、风险内控、关联交易等方面提出一系列指标要求，首次对公司治理机制失灵等情形设置调降评级项。2020 年 8 月，中国银保监会发布《健全银行业保险业公司治理三年行动方案（2020—2022 年）》。2021 年 4 月，银保监会发文，将持续开展银行保险机构股权和关联交易专项整治，不断提升公司治理水平①。此外，针对非上市公众公司也有相应的公司治理政策，例如，2012 年 10 月，中国证监会发布《非上市公众公司监督管理办法》，提出公司治理和信息披露的基本要求，使得非上市公众公司监管正式纳入法制轨道②。2019 年 12 月，中国证监会发布《非上市公众公司信息披露管理办法》③。综上所述，我国进行了持续性的公司治理问题探讨，对我国公司治理的进一步规范起到了重要作用。

在一系列政府出台的相关公司治理政策中，最为关键的政策有两个：其一，中国证券监督管理委员会于 2002 年 1 月正式发布《上市公司治理准则》，并于 2018 年 9 月再版修订。该准则参照公司治理实践中暴露出的问题和相关标准，并结合《中华人民共和国公司法》和《中华人民共和国证券法》的相关条款规定，详细阐述了我国上市公司在治理问题中应该遵循的基本准则。同时，进一步明确了保护投资者权益的基本方法，规范了公司董事会、监事会及经理层所应该具备的职业规范和行为准则。通过上述标准的制定，以期能够加强公司治理约束机制，规范公司治理结

---

① 资料来源：中华人民共和国中央人民政府官网（http：//www.gov.cn/index.htm）。

② 资料来源：全国中小企业股份转让系统（http：//www.neeq.com.cn/important_news/20000480.html）。

③ 资料来源：全国中小企业股份转让系统（http：//www.neeq.com.cn/regulation_list/200007090.html）。

构,从根本上改善上市公司的治理弊端。其二,2020 年 10 月,国务院印发《关于进一步提高上市公司质量的意见》(以下简称《意见》)①,对于上市公司的规范化运营和监管提出了更高的要求。一方面,《意见》对上市公司信息披露的水平和质量进行了规范,强调要建立规范化的信息披露体制,从而保障资本市场能够具备透明、规范、开放、有活力、有韧性的特点。另一方面,《意见》对上市公司治理机制和结构提出了更高的要求,要下大力气解决诸如资金占用、违规担保以及股票质押风险等治理难题。此外,为切实提升上市公司质量,《意见》提出了打通并完善上市公司退出机制的新设想,在"打通入口,畅通出口"的理念下,充分完善优胜劣汰的良性市场生态,为切实提升上市公司质量不懈努力。上述公司治理政策的推进和落实,能够改善当前我国企业所面临的治理乱象,推动上市公司建立和完善现代企业制度,规范上市公司运作,加大公司治理规范和监管力度,促进我国证券市场健康发展。

1.2 ESG 角色及价值

ESG 作为一种新型投资理念和投资准则,对于企业、社会和国家经济发展都有巨大的价值。其形成、延伸、应用和普及,能"以四两之力,拨千斤之重"。ESG 的角色及价值主要体现在以下几个方面:

第一,拉动绿色投资理念,带动环保政策落地。党的十八大提出要统筹推进"五位一体"建设,要"努力建设美丽中国,实现中华民族永续发展";党的十八届五中全会提出五大发展理念;国家环境保护总局于2007 年公布并实施了《环境信息公开办法(试行)》;G20 杭州峰会首次倡议并将绿色金融纳入重点议题;党的十九届五中全会提出"十四五"

---

① 资料来源:新华社(http://www.gov.cn/xinwen/2020 – 10/09/content_5549938.htm)。

经济社会发展要以推动高质量发展为主题，在经济、环境、社会等方面协调发展；在 2021 年"两会"上"碳达峰、碳中和"被首次写入《政府工作报告》。凡此种种，皆显示出环境和发展绿色经济对我国的重要性以及党和国家的重视程度。ESG 作为一个新型投资理念，其在国内各界受到的关注度与日俱增，进一步促进了 ESG 在我国企业实际应用的进程。自 20 世纪 90 年代以来，中国逐渐重视环境保护与企业环境责任方面的投入，而且在环保领域的投资逐渐增多。例如，在清洁能源、环境保护等领域实施了诸多举措，包括太阳能、风能及其他清洁能源技术投资等，都为 ESG 在我国的全面发展提供了支持和保障。同时，中国地域辽阔，有广阔的经济投资领域可以与可持续发展相结合，将绿色投资理念融入基础设施建设中。因此，作为上述政策落地和环保领域投资实现的一大抓手，ESG 在环境治理层面的重要性尤为突出。

第二，强化企业社会责任，提高信息披露比率。在社会责任层面，企业社会责任缺失的现象广泛存在，非法收集客户个人信息、浏览器与无资质医药厂商签订广告协议、食品药品安全隐患等案例的出现，引发了严峻的社会问题，致使企业信誉严重下挫，消费者与企业间信任崩塌。为解决企业社会责任承担缺失及公司治理乱象等问题，2015 年国家质检总局和国家标准化管理委员会（SAC）先后发布了一系列标准，结合我国国情，初步建立了《社会责任报告》规范。然而，我国实施的是非强制性社会责任披露制度，因此真正进行企业社会责任披露的企业仍为少数。截止到 2019 年 9 月，上交所上市企业中，仅有 37.4% 的企业发布了 2018 年度企业社会责任报告；深交所上市企业中，仅有 17.3% 的企业发布了该报告①。因此，ESG 在社会责任层面对于企业的要求和标准，为企业社会责任的规范和履行能够起到进一步的助推作用。

第三，整改治理体系弊病，护航企业持续前行。在公司治理层面，我

---

① 资料来源：《新鲜出炉！2019 年上市公司 CSR 报告统计分析》（http://www.syntao.com/newsinfo/2111667.html）。

国企业依旧存在诸多治理难题。从治理机制来看，董事会流于形式、董事的角色意识尚未转换、股东大会运作机制不健全、监督机构缺乏独立性和权威性等问题普遍存在；从利益相关者角度来看，员工权益保护与发展、中小投资者权益保护、财务欺诈等问题也值得重视。上述种种，已成为制约我国经济高质量发展的关键因素。由此，中国证监会（CSRC）于 2018年 9 月底正式发布了新版《上市公司治理准则》（以下简称《准则》），该《准则》进一步对上市公司在环境、社会责任和公司治理这三个方面提出了最新的重要规定，要求上市公司实施新发展理念，积极履行社会责任，形成良好的公司治理实践。同时明确了"利益相关者、环境保护和社会责任"的要求，确立 ESG 基本框架。此后，2020 年《国务院关于进一步提高上市公司质量的意见》出台，指出要大力提高上市公司质量，优化上市公司结构和发展环境。综合梳理 ESG 中环境（E）、社会（S）和治理（G）三大分支的作用和逻辑，不难发现，公司治理在 ESG 体系建设中处于核心位置，是三者关系的关键抓手，通过强化公司治理来推动环境效益与社会效益的持续改善。ESG 评价体系的落地和实施是以企业为载体，因此，高质量公司治理对于全面推行 ESG 在我国经济社会和资本市场的应用具有重要作用，ESG 理念的构建在其中扮演了关键角色。

中国在绿色金融领域具有无限的潜力，将成为世界主要的 ESG 市场之一，在全球 ESG 市场中发挥重要作用。因此，在这一过程中，如何将 ESG 评价标准与中国企业实践相结合，依托中国市场和中国企业，制定中国化和本土化的评价标准，对于 ESG 在中国投资市场的发展具有重要作用。

1.3 ESG 评价意义

在上述政策的基础上，为推动企业更好地关注环境责任和社会责任，提升公司治理质量，还需要探讨 ESG 生态系统的构建。构建 ESG 生态系统需要有效链接企业、投资机构、政府监管部门和专业智库平台，充分发挥企业的主体作用、投资机构的推手作用、政府监管部门的规范者作用以及专业智库的平台作用。企业围绕环境（E）、社会（S）和治理（G）三个方面开展经济活动，投资机构、政府监管部门和专业智库"三足鼎立"，助力企业推进 ESG 理念的落地和经济高质量发展（李婷婷和王凯，2020）。构建 ESG 生态系统，其重要抓手在于 ESG 评价。当前，已有的企业评价重点关注财务指标，多数是从财务评价角度来进行分析，例如，上市公司会定期披露公司年报，分析师则主要以此作为评价依据为投资者提供信息。然而，上述评价方法缺少对非财务因素的考量，非财务因素对于企业可持续发展同样重要。而 ESG 评价与评级体系，则会重点关注非财务因素，弥补传统评价方法的不足。所谓 ESG 评价，是指从环境（E）、社会（S）和治理（G）三个层面来对企业进行综合考量，利用最优搭配的指标组合和评分比例进行打分，从而全面评判企业的发展绩效、长期发展能力和投资潜力，进而实现为投资者的投资选择提供参考、为企业管理层的变革方向领航。在完成 ESG 评价后，根据评分进行进一步的等级划分，从而得出具体的 ESG 评级，基于 E、S、G 三个角度形成全面的企业画像。因此，建立和完善标准化、可比较、高信度的 ESG 指标体系具有重要意义，具体如下。

1.3.1　有利于企业在实践中践行 ESG

ESG 评价标准有利于"以评促改"，推动企业持续改进 ESG 实践。第一，转变发展方式，以创新驱动高质量发展。突破我国重污染行业企业的高耗能、高污染困局的关键在于进行技术创新，实现可持续的绿色发展，而 ESG 评价标准可引导企业可持续发展的走向。第二，ESG 评价指标将社会责任纳入评价体系中，可要求企业积极承担社会责任，有利于企业树立负责任的良好形象。第三，ESG 评价指标中的公司治理标准有利于规范企业行为，健全治理机制，防范治理风险，促进企业的健康、可持续发展。总体上，ESG 评价是企业在市场经济中发挥正向主体作用的指引，是企业经济价值观和社会价值观相统一的体现，对强化上市公司的社会责任意识、激励其承担社会责任、提高综合竞争力具有重要意义。

1.3.2　有利于投资机构更好地进行 ESG 投资

投资机构作为重要的外部治理机制，影响着企业的行为和治理绩效，可有效推动上市公司的合理、良性运转。投资机构根据企业在环境（E）、社会（S）和治理（G）各方面的表现对企业进行投资，开发相关的绿色产品。通过 ESG 投资，投资机构可以给企业施加压力，促进企业在 ESG 各个方面做出努力。投资机构进行 ESG 投资，则需要 ESG 评价结果为其投资决策提供支持。客观来讲，一个科学合理的 ESG 评价体系，能够更全面地评估企业发展绩效和长期发展能力。为投资者搭建一个有效的 ESG 投资评价标准框架，不仅可以为投资者的决策提供客观数据支持，还可以引导投资者将 ESG 信息纳入投资决策，以缓解决策短视的问题，推动资本市场的长期价值投资。因此，完善的 ESG 评价体系有利于从环境、社会和治理三个角度刻画企业形象，为投资机构进行投资选择和甄别提供指导，更好地进行 ESG 投资。

1.3.3　有利于政府出台相关政策

ESG 评价是上市公司可持续发展活动的"晴雨表"，可以为政府出台相关政策提供支持。一方面，通过 ESG 评价体系，有利于政府相关部门深入了解行业动态，促进其为上市公司制定规范、统一和完善的 ESG 披露标准，以规范企业行为。同时，ESG 披露标准和要求的出台可以增强数据的可比性和可信度，有助于市场对企业未来的绩效和可持续发展能力做出客观且有效的判断。另一方面，企业的长期价值增长目标和 ESG 实践活动可以通过数据化的指标具体呈现，为政府相关部门提供切实有效的客观数据，有利于政府监管部门出台奖惩措施，健全惩罚机制，从而充分发挥规范者的作用。

1.3.4 有利于学术研究机构围绕 ESG 展开理论分析与实证检验

在 ESG 评价指标体系的梳理和构建过程中，完成了大量数据的收集和整理，形成了包含上市公司环境（E）、社会（S）和治理（G）各项细分指标的大样本数据库。高质量的 ESG 评价指标体系及其大样本数据库，不仅可为市场和投资者提供有效参考，还可为以高校研究机构为基础的专业智库平台提供客观数据。研究机构可以利用这些数据对企业 ESG 表现与绩效、价值、战略行为等变量之间的关系开展实证分析，从而对中国情景下的 ESG 理论进行分析、归纳及检验，帮助学术机构完成有关 ESG 的理论提炼，并将 ESG 相关指标与其他经济指标或企业指标相联系，从而探索新的未知领域和联系。

目前，国内外已有相关机构进行了 ESG 评价体系的开发。国外主流的 ESG 评价体系有 KLD ESG 评价体系、MSCI ESG 评价体系、Sustainalytics ESG 评价体系、汤森路透 ESG 评价体系、富时罗素 ESG 评价体系、标普道琼斯（RobecoSAM）ESG 评价体系、Vigeo Eiris ESG 评价体系；国内主要的 ESG 评价体系有商道融绿 ESG 评价体系、社会价值投资联盟 ESG 评价体系、嘉实基金 ESG 评价体系、中央财经大学绿色金融国际研究院 ESG 评价体系、华证 ESG 评价体系、润灵 ESG 评价体系、中国证券投资基金业协会 ESG 评价体系。虽然 ESG 评价在国外逐渐成熟，在国内渐入主流，但目前已有的 ESG 评价体系在理论基础、评价导向、指标选取等方面与中国情境的契合度仍有待提升。

因此，课题组对国内外已有评价体系进行了系统的比较和梳理，进一步明晰两者的异同点、评价要点和评价方式。在此基础上，结合中国企业 ESG 实践以及中国 ESG 研究院制定的 ESG 披露标准，开发出中国企业的 ESG 评价指标体系，并对金融业和批发零售业企业的 ESG 表现进行评价。

第 2 章　国内外 ESG 评价研究述评

ESG 是可持续发展理念在企业微观层面的反映，在全球可持续发展和我国"碳达峰、碳中和"战略部署中，具有重要的意义。从国际发展经验来看，ESG 是全球资产管理机构一致认可的责任投资理念，也是企业和机构国际交流合作的共同语言。ESG 评价高的企业不仅在社会中具备良好的企业形象，也成为众多投资机构的青睐对象。由于 ESG 因素被纳入投资决策流程，机构投资者会减少对从事损害环境、社会等业务的公司的投资，或者通过行使股东权力来推动公司改进公司运营。当 ESG 理念从投资领域传导至公司运营层面，有利于实现对全球环境、社会或者治理等重要议题的积极影响和改进，进一步体现了 ESG 通过资本市场力量促进上市公司可持续发展。因此，投资者应该将 ESG 融入投资战略目标、研究分析、组合管理、风险控制、尽责管理等方面，并开发相应的 ESG 投资工具积极发挥股东影响，引导上市公司良性发展。鉴于此，研究 ESG 评价和推广 ESG 指数，对于贯彻落实新发展理念、推动资本市场健康发展具有重要意义。随着 ESG 投资的快速发展，ESG 指数体系日益丰富，ESG 评价成为国内外学者研究的重要课题，产出了大量的研究成果。本章通过"Web of Science""知网"两大国内外数据库对 CSR 及 ESG 评价相关的重点文献进行梳理和总结，以期反映国内外学者在可持续发展方面对 ESG 评价的理解和认识，为我国的 ESG 评价与评级研究奠定理论基础。

2.1　国外 ESG 评价研究述评

本节主要梳理和总结国外学者对企业社会责任（CSR）、环境责任的测量及评价体系采用，国外学者构建和采用的企业 ESG 评价指标体系。

2.1.1　国外学者对企业社会责任（CSR）、环境责任的测量及评价体系采用

随着 20 世纪 80 年代的企业社会责任（CSR）运动在欧美发达国家逐渐兴起，学术界和企业界开始普遍接受这种超越经济责任的社会责任理论，CSR 成为近些年来备受关注的课题。一些涉及社会责任的非政府组织以及社会舆论也不断要求社会责任与企业经营挂钩，国外的跨国公司和第三方机构开始制定对社会做出必要承诺的社会责任认证或社会责任评价来应对不同利益者团体的需要。CSR 研究的理论基础不断完善，在已有的 CSR 评价体系的基础上，国外学者也结合自身的工作实践，研究出大量与 CSR 测量评价相关的成果。

为了具体了解国外学者对企业社会责任、环境责任的测量及评价体系的使用，通过使用 "CSR" 作为关键词在 Web of Science 数据库进行主题检索，并将出版年份设定为 2001～2020 年，研究领域设定为 Social Sciences，子数据库设定为 Web of Science 核心合集，共检索出 9692 篇文献。再在结果集内进行关键词（如 Environment、Rating 等）二次检索，按照被引频次进行排序，根据标题、摘要的内容与研究主题的匹配度进行文献选择，并重点关注该领域内顶级期刊（如 *Strategic Management Journal*，SMJ），最终筛选出 9 篇相关文献。

Al – Tuwaijri 等（2004）在《环境披露、环境绩效与经济绩效之关系：联立方程式法》中采用定量方法对环境绩效和环境披露进行测量。

环境绩效的测量通过回收的有毒废物与所产生的有毒废物总量之比（ENVPERF）进行评定。例如，如果一家公司采用了减少污染的过程，减少了产生的有毒废物的总量，那么分母会减少，因此 ENVPERF 会增加。或者如果公司增加了回收有毒废物的流程，则分子会增加，从而也会增加 ENVPERF。因此，可回收有毒废物与产生的有毒废物总量的比率越高，公司的环境绩效就越好。环境披露基于与内容分析法类似的披露评分方法，结合了对四个关键环境指标（见表 2.1）的披露进行测量，将最大权重（+3）赋予与上述四个环境指标有关的定量披露；将第二高的权重（+2）赋予非定量但提供了详细信息的披露；将最低的权重（+1）赋予一般的定性披露；而不披露给定指标信息的公司得分为 0。

表 2.1　环境披露的四个关键指标

序号	环境指标
1	产生，转移或回收的有毒废物总量
2	因违反 10 项联邦环境法而产生的经济处罚
3	潜在责任方（PRP）——对指定的危险废物场所清理负责
4	报告的石油和化学泄漏事件的发生

资料来源：Al‑Tuwaijri S A，Christensen T E，Hughes K E. The Relations among Environmental Disclosures，Environmental Performance，and Economic Performance：A Simultaneous Equations Approach［J］. Accounting Organizations and Society，2004，29（5‑6）：447‑471.

Barnett 和 Salomon（2006）在《超越两分法：社会责任与财务绩效之间的曲线关系》中以社会责任投资（SRI）基金采用的社会筛选强度和类型的变化来衡量企业的社会责任绩效程度，其中筛选是指根据社会或环境标准将公司证券纳入或排除在投资组合中。SRI 基金的样本数据来源于社会投资论坛（Social Investment Forum），该来源的数据提供了 67 只社会责任型基金的社会筛选策略（使用的社会筛选的数量和类型）的信息。社会投资论坛列出了 SRI 基金可能用来从投资组合中筛选公司的 12 种社会筛选类型。潜在筛选标准包括排除与以下 12 个行业或问题有关联的公司：酒精、烟草、赌博、国防/武器、动物试验、产品/服务质量、环境、人权、劳动关系、就业平等、社区投资，以及社区关系。Barnett 和 Salomon

将 SRI 基金选择的适用于其投资组合的筛选数量称为筛选强度，筛选强度从 1 到 12 不等。如果一只基金的筛选强度值为 12，则表示该基金使用了上述所有 12 个筛选，而值为 1 则表示该基金只使用了 12 个可用筛选中的 1 个筛选。进一步构造了三个二分类变量（0～1 变量），来分别测量与劳动关系以及社区和环境问题相关的绩效差异。比如环境筛选策略：某只 SRI 基金根据环境绩效筛选出公司，将变量环境的值分配为 1，否则将其分配为零；劳动关系筛选策略：某只 SRI 基金根据劳动关系表现筛选出公司，将变量劳动关系的值分配为 1，否则将其分配为零；社区关系筛选策略：某只 SRI 基金根据它认为是糟糕的社区记录筛选出公司，那么社区投资和社区服务变量的值分别为 1，否则为零。表 2.2 提供了上述筛选如何被各种社会责任共同基金使用的一般定义。

表 2.2　社会筛选的定义

社会筛选类型	受筛选影响的公司
环境	不包括环境表现不佳的公司
劳动关系	不包括有不良劳动关系记录的公司
就业/平等	不包括违反平等就业和工作多样化准则的公司
社区投资	不包括不投资和/或不发展经济萧条社区的公司
社区关系	不包括对当地社区利益相关者负责记录不佳的公司

资料来源：Barnett M L, Salomon R M. Beyond Dichotomy: The Curvilinear Relationship Between Social Responsibility and Financial Performance [J]. Strategic Management Journal, 2006, 27 (11): 1101 - 1122.

Surroca 等（2010）在《企业责任与财务绩效：无形资源的作用》中基于 KLD 数据库，考虑了社区、客户、员工、环境和供应商五个利益相关者群体，CRP 测量是将这五个利益相关群体得分的加权总和（见表 2.3），并使用 Sustainalytics Platform Database（可持续分析平台数据库）提供的评分方法（基于李克特量表的改良）按门类和国家进行平均，计算出企业社会责任绩效（CRP）。研究结果发现，企业责任绩效（CRP）与财务绩效（CFP）之间直接关系不显著，两者通过无形资源（如创新、人力资本、声誉、文化等因素）的中介作用形成间接关系。

表 2.3　计算 CRP 得分的加权方案实例

维度		Bank of America Financials	Microsoft Information Tech.	Nike Textiles & Apparel	ExxonMobil Energy	Procter & Gamble Household Products
		企业				
社区	权重	14.7%	17.6%	8.8%	14.7%	8.8%
	得分	57.2	70.6	96.7	44.7	59.4
客户	权重	14.7%	11.8%	8.8%	5.9%	11.8%
	得分	22.9	52.5	64.2	45.5	44.3
员工	权重	29.4%	35.3%	23.5%	26.5%	26.5%
	得分	48.7	49.2	74.8	63.9	51.1
环境	权重	35.3%	23.5%	35.3%	47.1%	47.1%
	得分	52.6	43.3	61.6	29.3	39.2
供应商	权重	5.9%	11.8%	23.5%	5.9%	5.9%
	得分	45.0	90.5	71.8	70.4	73.2
CRP 指数		47.3	56.8	70.4	44.1	46.8

资料来源：Surroca J，Tribo J A，Sandra W. Corporate Responsibility and Financial Performance：The Role of Intangible Resources［J］. Strategic Management Journal，2010，31（5）：463－490.

　　Chatterji 和 Toffel（2010）在《企业对被评级的反应》中从 KLD 数据库中获得环境评级，评级结果用来刺激获得较低评级的公司做出相应的反应，尤其是面临较低改善成本的公司及预期从改善中获得更大收益的公司。他们在 KLD 数据库中获取的 14 个二分类变量，构建了"初始评级很差"和"初始评级混合或良好"两个虚拟变量，以表示那些仅具有环保关注（无环保强度）的初始 KLD 环境评级公司和那些仅具有环保强度（无环保关注度）、既具有强度也具有关注度、既不具有强度也不具有关注度的初始 KLD 环境评级公司。其中，KLD 数据库中的 14 个二分变量有 7 个环保强度变量：有益的产品和服务，污染预防，回收，清洁能源，通信，物业、厂房及设备，其他优势；有 7 个环保关注变量：危险废物、监管问题、消耗臭氧层的化学品、大量排放、农用化学品、气候变化、其他问题。具体变量介绍如表2.4所示。同时使用公司的有毒污染来衡量环境绩效，即采用每家公司向美国环保署TRI报告的有毒化学物质排放总量作为具体指标，并计算各公司的有毒化学物质排放量与收入之比（数据来源于CEPD和Compustat）来衡量企业环境效率。

表2.4　KLD STATS数据库中14个二分类变量

分类	指标	分类	指标
KLD环境强度	①有益的产品和服务。该公司从创新修复产品、环境服务或促进能源高效利用的产品中获得大量收入，或开发出具有环境效益的创新产品（"环境服务"一词不包括具有可疑环境影响的服务，比如垃圾填埋场、焚化炉、废物发电厂和深井）	KLD环境关注	①危险废物。该公司对危险废物场地的责任超过5000万美元，或该公司最近因违反废物管理规定而支付了巨额罚款或接受了民事处罚
	②污染防治。该公司有非常强大的污染防治计划，包括减排和减少有毒物质使用计划		②监管问题。该公司最近因违反空气、水或其他环境法规而支付了巨额罚款或接受了民事处罚，或根据《清洁空气法》《清洁水法》或其他主要环境法规存在监管争议
	③回收。该公司在制造过程中大量使用回收材料作为原材料，或者是回收行业的一个主要企业		③消耗臭氧层的化学品。该公司是消耗臭氧层的化学品，如氟氯烃、甲基氯仿、二氯甲烷，或溴的顶级制造商之一
	④清洁能源（以前称为替代燃料）。该公司已采取重大措施，通过使用可再生能源和清洁燃料或通过提高能源效率，减少其对气候变化和空气污染的影响。该公司已表明致力于在其自身经营范围外促进气候友好政策和实践		④大量排放。该公司从单个工厂向空气和水中排放的有毒化学物质（由EPA定义并向EPA报告）的合法排放量在公司中最高，其次是KLD
	⑤通信。该公司是CERES原则的签署者，发布了显著的实质性环境报告，或为环境最佳实践建立了显著有效的内部沟通系统。KLD于1996年开始为此问题分配权重		⑤农用化学品。该公司是农用化学品（即杀虫剂或化肥）的主要生产商

续表

分类	指标	分类	指标
KLD 环境 强度	⑥物业、厂房及设备。公司的物业、厂房和设备的环保性能高于行业平均水平。自 1995 年以来，KLD 一直没有在这一问题上分配权重	KLD 环境 关注	⑥气候变化。本公司从煤炭或石油及其衍生燃料产品的销售中获得大量收入，或本公司从煤炭或石油及其衍生燃料产品的燃烧中间接获得大量收入。这类公司包括电力公司、拥有车队的运输公司、汽车和卡车制造商以及其他运输设备公司
	⑦其他优势。这家公司表现出了对管理的卓越承诺		⑦其他问题。该公司卷入了一场环境争议，而其他 KLD 评级并未涵盖这一争议

资料来源：KLD Ratings Methodology，http：//www. kid. com/research/data/KLD_Ratings_Methodology. pdf。

  Barnett 和 Salomon（2012）又在《做得好值得吗？——探讨社会绩效和财务绩效之间的关系》一文中以 KLD 数据库为主要数据来源，Compustat 数据库作为补充测量 CSP，研究企业社会绩效（CSP）与企业财务绩效（CFP）之间的关系。企业社会绩效（CSP）根据 13 个代表企业个体的社会绩效标准进行评级，其中 7 个是关键的利益相关者属性（社区、公司治理、多样性、员工关系、环境、人权和产品），按照公司在这些方面的优劣势打分（分数基于一个整数范围，从 +1 到 -1，其中 -1 代表一个弱项，+1 代表一个强项，0 代表一个中性分数）。其余 6 项涉及公司是否参与"有社会争议的"商业活动（生产、销售或提供酒类、赌博、枪支、军事、核能和烟草），在这些属性上，公司的得分仅反映该项是否是一个弱项（也就是说，-1 代表一个弱项，0 代表中性分数）。最终汇总了由 KLD 评分获得的企业强项和弱项，为每家公司创建了一个净社会绩效评分，并将此指标称为净 KLD 得分，以此评估企业社会绩效（CSP）。

  Matsumura 等（2014）在《碳排放与碳披露的企业价值效应》中研究了碳排放和自愿披露碳排放行为对企业价值的影响。通过手工收集 CDP 数据库的调查问卷结果，获取以公吨、能源和贸易为单位的碳排放信息对碳排放进行测量，并利用 KLD 数据库根据每家公司的积极环保活动和破坏性活动进行二进制的打分并测量环境绩效。其中有六个方面的积极环保行为（如回收、清洁能源等），有七个方面的破坏性行为（如因违反环境法规而支付的巨额罚款或罚款等行为）。在每个方面，如果 KLD 在特定维度上识别出积极行为或破坏性行为，则将其标记为 1，否则该维度被编码为 0。

Davidson 等（2019）在《CEO 物质主义与企业社会责任》中同样采用 KLD 数对 CSR 进行评分，以研究物质至上主义的 CEO 对企业的社会责任的影响。通过 KLD 数据库中包含的 CSR 投资的五个主要类别（社区、多样性、员工关系、环境和产品安全），采用实力评级和关注度评级之间的差异计算各公司的每个类别的净得分（例如，净社区得分是社区实力评级减去社区关注度评级）。对企业社会责任的整体衡量（企业社会责任净得分）的测量方法是在所有五个类别中的企业强度评级减去企业关注度评级的总和。

Fu 等（2020）在《首席可持续发展官和企业社会责任》中研究首席可持续发展官（Chief Sustainability Officer，CSO）如何影响企业的社会绩效。通过使用 KLD 数据库，从五个维度（社区、多样性、员工关系、环境和产品问题）进行 1 或 0 的评分来评估企业的社会责任（CSR）。同时使用 Compustat 和 KLD 数据库，构造一个虚拟变量，将经营领域处于"烟草、武器、自然资源和酒精"等饱受争议行业的企业赋值为 1，否则赋值为 0，来进行企业行业责任感的 CSiR 绩效测量。

Awaysheh 等（2020）以 KLD 数据库的企业社会评级对 CSR 进行测量，检验了企业社会责任（CSR）与财务绩效之间的关系。根据每个公司在七个不同的 CSR 维度（员工关系、社区、产品、公司治理、多样性、环境和人权）上的表现强度/关注度，为公司提供二进制评级（0/1）。为了对同行业内的公司的 CSR 活动进行比较，文章使用各公司在七个维度上的积极属性得分总和减去消极属性得分总和，进而得到累计 KLD 得分，以此对 CSR 进行排名。

从上述社会责任的研究成果来看，国外学者结合 CSR 丰富的评价体系在 CSR、CSP 和环境保护方面做出了许多有意义的研究，并取得了丰富的成果。不同学者对 CSR 评价体系的应用观点反映了企业与社会的关系以及关系管理的一些层面，其构建的评价框架有助于人们全面认识企业履行社会责任的表现。对以上 CSR 评价体系进行归类后不难发现，CSR 的评价要素主要基于两类：一类是基于社会问题评价，另一类是基于利益相关者评价。但是，从企业社会责任的研究文献资料来看，所有的被关注的社会问题，都涉及一个或者多个利益相关者群体。随着 CSR 理论建构和分析研究正在不断深入和完善，以社会议题和利益相关者关系来衡量 CSR 绩效已经成为该领域理论研究的新发展。CSR 研究的显著转变是将社会责任视为多种社会维度的集合，将重点放在特定的社会活动元素上，如员工关系、产品质量和环境表现等。综观这些企业社会责任的评价方法，其对社会责任的测量各异，适用对象和角度都不同，虽然部分研究者抑或采用利益相关者视角，抑或基于其他理论视角开发了相应的适合自己研究的量表，但在利益相关者的分类及测量指标的设置上仍存有较大差别，研究者应该根据自己的研究情况选用。

2.1.2　国外学者构建和采用的企业 ESG 评价指标体系

大多数国际上市公司及许多私营公司的环境、社会和治理（ESG）表现正在由各种报告和评级的第三方供应商进行评估和评级。机构投资者、资产管理公司、金融机构和其他利益相关者越来越依赖这些报告和评级来评估和衡量公司的 ESG 业绩。这种评估和衡量往往是非正式的和股东提议相关的投资者与企业就 ESG 事项进行接触的基础。然而，报告和评级的方法和覆盖范围在不同的供应商之间有很大的不同。当前国外学者对 ESG 的评价体系多数建立在一些知名的第三方 ESG 报告和评级提供商的基础上。为了具体了解国外学者构建和采用的企业 ESG 评价指标体系，通过使用"ESG Rating"作为关键词在 Web of Science 数据库进行主题检索，共检索出 243 篇文献。按照被引频次进行排序，再通过人工根据标题、摘要的内容与研究主题的匹配度进行文献选择，并重点关注该领域内顶级期刊，最终筛选出 8 篇国外 ESG 评价指标体系的文献。

Drempetic 等（2020）在《企业规模对 ESG 得分的影响：企业可持续性评级研究》中提出对 ESG 成绩的全面调查是文献中一个被忽视的话题，在利用汤森路透 ASSET4 ESG 评级体系的基础上，探究企业规模对企业 ESG 得分的影响，并指出目前的 ESG 得分并不能真实地衡量一家公司的可持续性绩效，它们还取决于主要提供 ESG 数据的数据可用性和资源的公司规模。Drempetic 等的研究全面考察企业 ESG 的评分，从企业规模视角帮助评级机构和高级投资者优化企业 ESG 评级标准。该文的研究利用了汤森路透的 ASSET4 数据库，虽然不是最好的（排名 14），但与其他 ESG 数据库相比，ASSET4 所有的数据点、每个数据点的问题以及度量标准都是公开和透明的，在研究方面具有很大的优势，使学者能够获得更透明和更深入的见解，并且 ASSET4 数据库享有很高的可信度，包含 6000 多家公司。ASSET4 对数据库进行了战略 KPI 筛选，经过这个过程，ASSET4 停用一些指标，确定了现在用于评级的"战略关键绩效指标"（主动关键绩效指标）。其余的指标在 2014 年后被停用，但它们仍然可以在其数据库中找到。该文的 ESG 评分只关注活动关键绩效指标，并去掉该数据库包括对所有四个支柱（经济、环境、社会、治理）进行评分的 184 个指标中的经济支柱的指标，留下 157 个活跃的指标进行企业的 ESG 评价。同时为了消除公司规模大在 ESG 评级中的优势，Drempetic 等还利用温室气体（Greenhouse Gas，GHG）排放量作为一个实际的客观 ESG 结果变量（不衡量 ESG 活动）来阐明该问题。如果大公司比小公司更具可持续性，那么按公司规模（温室气体强度）衡量，它们的温室气体排放量应该更少。其中温室气体排放强度为直接（范围 1）和间接（范围 2）二氧化碳（CO_2）排放量和 CO_2 当量的总和，以吨为单位，按收入、市值、总资产或员工数量进行换算，删除了三个范围中一个范围内零排放的观测值。

根据环境、社会和治理（ESG）得分较高的公司报告有更高的超额回报和更低的波动性的研究发现，Torre 等（2020）在《ESG 指数影响股票回报吗？——来自 Eurostoxx50 的证据》中研究 ESG 指数对股票收益的影响，选择 46 家上市公司（在 Eurostoxx50 上市）作为样本，计算了 2010 ~ 2018 年的月度股票收益率和 ESG 指数。其中，数据集包含 2010 年 4 月至 2018 年 12 月共 105 个月的数据点，股票价格数据是由 Bloomberg 提取的，ESG 指数是从 CSRHub 提供的数据中提取的"ESG 整体指数"。CSRHub 是一家 B 级公司，提供来自 141 个国家 134 个行业的 17268 多家公司的 ESG 评级。CSRHub 提供的"ESG 总体指数"由四个部分组成，可归纳为三个 ESG 因素，即：环境因素、社会因素（CSRHub 社区和员工组成部分的组合）和治理因素。为了对公司进行评级，该数据提供商汇总了来自其他几个数据提供商的信息，之后数据提供者对这些数据进行规范化，以便用 0 ~ 100 的比例表示索引，归一化后，将各因子的数据用大数据算法进行汇总，最终确定"ESG 整体"指数为上述因子的并集。CRSHub 在其网站上描述，每个因素分为四个子指标，如表 2.5 所示。

表 2.5　CRSHub 等 ESG 总体指数

一级指标		二级指标	指标描述
环境		能源与气候变化	说明本公司通过有针对性的政策和战略，包括开发新的可持续技术和减少对环境有害的消费和排放，对为减缓气候变化做出积极贡献的能力
		环境政策及报告	反映了旨在减少环境影响的公司政策的质量，特别是在报告和合规方面
		资源管理	重视在生产过程中资源利用的科学化，以及对减少有用资源的浪费和减少其使用的承诺
社会	社区	发展与慈善社区	公司致力于为当地、全国和全球社区提供服务。也涵盖了社区本身和公司之间的关系、对公共福利的关注以及在公司基础设施方面减少对环境影响的承诺
		人权与供应链	反映公司的社会承诺（如志愿工作等），尊重人权和工作的完整性，例如，尊重工人、排斥儿童或强迫劳动
		产品	衡量产品和服务在不同方面的社会和环境影响，包括它们的设计、管理和发展。也反映了对寻找新的可持续技术和提供对社会有用的商品或服务以改善消费者的一般福祉的贡献。这些方面也延伸到销售做法的正确性与产品安全和质量

一级指标		二级指标	指标描述
社会	员工	薪酬和福利	注重与员工建立稳固工作关系的能力,通过适当的薪酬和福利改善中长期员工工作环境和提高员工的士气
		多样性与员工权利	包括遵守非歧视政策和对员工的做法,并创造一个开放的多元化的尊重环境
		培训、健康和安全	衡量公司在提供健康和安全工作场所方面的效能。包括工作质量政策和计划,鼓励员工的个人发展,甚至在公司之外
治理		董事会	衡量公司在遵循与董事会组成和独立决策过程相关的公司治理原则的最佳实践中的有效性
		领导伦理	体现了与不同利益相关者的关系管理质量,以及将周边环境与公司核心业务相结合的承诺和有效性
		透明度和报告	将公司政策的透明度与可持续发展目标相一致,特别是通过起草报告,根据公共标准汇编,如全球报告倡议或问责制

资料来源:Torre M L, Fabiomassimo M, Arturo C, Sabrina L. Does the ESG Index Affect Stock Return? Evidence from the Eurostoxx50〔J〕. Sustainability, 2020, 12 (16):6387.

Rajesh (2020) 在《利用环境、社会和治理得分来探索企业的可持续性表现》中将环境、社会和治理(ESG)得分与可持续性绩效指标关联,使用汤森路透提供的 ESG 得分作为企业 ESG 的评价框架。整个 ESG 评分体系通过使用 Bloomberg 终端数据,提取了汤森路透 ESG 中上市的 2578 家公司过去 10 年的可持续发展绩效数据,以发展中经济体(印度)背景为研究对象对数据进行分类,筛选出 2014~2018 年被纳入 ESG 评级的印度公司,在删除所有遗漏的数据后,最终将研究中考虑的公司数量减少到 39 家。最终以排放得分、环境创新得分、资源利用得分、社区得分、人权得分、产品责任得分、劳动力得分、企业社会责任战略得分、管理得分、股东得分 10 项指标对这些企业的绩效进行分析,最后根据公司报告信息的 400 多个细化指标汇总计算 ESG 分数。

Widyawati (2021) 在《环境社会治理评级的测量关注点和一致性》中指出由于 ESG 评级的质量存在缺乏透明度和缺乏标准化两个问题,使

ESG 评级的测量质量值得怀疑。因社会责任投资（SRI）市场 90% 以上的投资者使用了 MSCI KLD、Sustainalytics、Bloomberg 和汤森路透四家评级机构的 ESG 数据，并且根据专家的评定：这四家评级机构的 ESG 数据被列入前五大知名 ESG 评级，因此该研究调查了四家评级机构提供的 ESG 评级，以测量不同 ESG 评级机构的测量关注点和一致性。该研究收集了各评级机构 2009～2013 年关于评级方法的公开披露，以此构建 ESG 评级的维度。该研究对评级机构 ESG 测量框架的分析揭示了两种类型的结构：第一种类型由 Sustainalytics 和 Bloomberg 应用，包括三个级别：ESG、维度和指标；第二种类型由汤森路透和 MSCI KLD 采用，包括四个层次：ESG、维度、子维度和指标。四家评级机构的 ESG 评级维度如表 2.6 所示。Bloomberg 根据 200 多项指标中的 100 项来衡量每家公司的 ESG 披露情况，然后对这些指标进行汇总（所给分数是标准化的，从没有披露任何信息的公司的 0 分到披露适用于该公司的所有指标的公司的 100 分不等），得出 ESG 维度和综合得分。Sustainalytics 总共使用了 152 个指标，根据公司业绩，每个指标的得分从 0 分到 100 分，最后依据各指标的权重计算 ESG 总分和维度得分。MSCI KLD 使用两个变量测量 ESG 质量——"强度"和"关注点"，通过计算总优势和关注点之间差异的标准化得分，确定了每个维度的得分和 ESG 总分。MSCI KLD 指标包括每个指标 1 或 0 的二进制得分，得分为 0 意味着该公司被认为未能证明满足与指标相关的标准，因为衡量的绩效没有超过阈值；得分为 1 意味着衡量指标的绩效超过了 MSCI KLD 设定的标准阈值。在决定相关指标得分时，对标准和阈值的披露有限，其适用于每家公司的一套指标是不同的。汤森路透 ESG 评分仅根据公开信息计算，然后将其处理为 340 多项 ESG 测量和 178 个数据点，措施和数据点的类型和数量根据行业和公司的具体问题进行了调整，根据指标的权重，将指标进一步汇总为 10 个子维度得分和 ESG 得分。汤森路透 ESG 衡量标准和数据点由不同的计量单位组成（分类和连续），计量单位以所评估的指标类型（即绩效、政策、遵守情况）为基础。该研究最终指出四个 ESG 评级可能对 ESG 结构有不同的解释，并在可持续性主题方面有不同的关注点，ESG 评级的用户必须选择与应用评级的特定情境一致的评级。

表 2.6　四家评级机构的 ESG 评级维度

评级机构	维度	子维度	指标
Bloomberg ESG	环境（E）	无	每个公司的得分是从收集的 200 多个原始数据点中的 100 个数据点计算出来的。基于重要性，每个公司和行业的具体数据点集各不相同
	社会（S）		
	治理（G）		
Sustainalytics ESG	环境（E）	无	152 个关键指标。根据重要性，每个公司和子行业（同行集团）的类型和指标数量不同
	社会（S）		
	治理（G）		
MSCI KLD ESG	环境（E）	环境强度、环境关注	共 123 个指标。2009～2013 年的指标数量各不相同
	社会（S）	社区强度、社区关注，人权强度、人权关注，员工关系强度、员工关系关注，多元化水平强度、多元化关注，产品质量、产品关注	
	治理（G）	治理强度、治理关注度	
汤森路透 ESG	环境（E）	资源利用、污染物排放、环境创新	超过 300 多个数据点值。根据行业的重大问题，每个行业的指标都有所不同
	社会（S）	劳动力、人权、社区、产品责任	
	治理（G）	管理、股东、CSR 策略	

资料来源：Widyawati L. Measurement Concerns and Agreement of Environmental Social Governance Ratings [J]. Accounting and Finance, 2021, 61 (S1): 1589 – 1623.

Garcia 等（2020）在《利用企业财务绩效变量预测企业的环境、社会和治理评级：粗糙集方法》中建立了一个粗糙集模型，将 ESG 评分与流行的企业财务绩效指标联系起来，实证分析企业的特征是否对其 ESG

评级产生影响。这种方法允许在不确定、模糊和不完美的环境中处理信息。该研究收集了一个大型数据库，包括 2013 ~ 2018 年欧洲上市公司的 ESG 得分、行业和财务变量（变量描述如表 2.7 所示），股票市场和财务信息也被收集来解释 ESG 得分的行为。其中 ESG 得分使用汤森路透 ESG 评分，这也是首次用此评分方式来研究 ESG 评级对 CFP 的影响。同时对粗糙集模型进行了 500 次模拟，分别针对离散化参数中的不同值和企业关于 ESG 得分的不同分组场景。结果表明，当企业聚集在三个或四个均衡的群体中时，所考虑的变量可用于预测 ESG 排名。然而，当计算更多的组时，预测能力就消失了。这表明，行业部门和财务变量有助于发现企业之间关于 ESG 的巨大差异，但当仔细检查 ESG 绩效的微小差异时，模型的重要性就会下降。

表 2.7　ESG 评分与企业特征变量描述

序号	变量	描述
1	ESG 得分	数据来源自汤森路透评分，取值范围为 0（最小值）到 100（最大值）
2	ROA	资产收益率（Return on assets），净收入/总资产的值
3	EPS	每股收益（Earnings per share），净收入/流通股
4	Size	市值（欧元）[Market capitalization（in euros）]
5	D/E	负债股本比率（Debt to equity ratio），负债总额/股东权益
6	Beta	β 系数，衡量股票相对于市场的波动性
7	Vol	交易量，年内交易的证券数量（Trading volume）
8	Sector	表示公司部门的变量

资料来源：Garcia F, Jairo G B, Francisco G, and Javier O. Forecasting the Environmental, Social, and Governance Rating of Firms by Using Corporate Financial Performance Variables: A Rough Set Approach [J]. Sustainability, 2020, 12（8）: 3324.

Lee 等（2021）在《不要再找借口！——ESG 综合投资组合在澳大利亚的表现》中为了研究企业的 ESG 评级与财务回报和风险之间的关系，采用汤森路透 ASSET4 的 ESG 评级数据，构建几种类型的投资组合，以确定投资者的一系列风险偏好及其对 ESG 面临的金融机会和风险的总体信心。与其他一些数据库不同，ASSET4 ESG 评级数据库不仅包括综合的 ESG 总评级，还包括 2006~2016 年整个分析期间每家公司的基础环境、经济、社会和治理维度评级的完整集合。因此，该研究中 ASSET4 的 ESG 总评级将额外的"经济"维度纳入其 ESG 总评级，提供了一个来自四个基本维度的 E（E）SG 总评级来检验公司的 ESG 绩效，包括环境（E）、经济（E）、社会（S）和治理（G）。ASSET4 对所有得分（评级）进行标准化，以调整偏度以及平均值和中位数之间的差异，并随后拟合成"钟形曲线"，每个公司的得分是 0~100 分，因此每个维度的得分都是可比的。在形成其环境（E）、经济（E）、社会（S）和治理（G）和 ESG 总得分时采用标准化方法，以确保企业的 ESG 总得分是孤立形成的，而不是四项指标的简单加权平均数。ASSET4 的 ESG 标准包括 18 个类别，共有超过 250 个关键绩效指标，涵盖 750 个指标，如表 2.8 所示。其中，经济层面建议使用传统基本面分析中通常使用的经济和金融数据（如股本回报率、市盈率、净利润）。但在 156 项经济标准中，87% 不是经济标准，而是反映了普遍适用的社会和治理标准，如公司是否有保持忠诚和富有成效的员工基础的政策、员工满意度水平等。真正的"经济"数据点对公司的 ESG 总分贡献小于 ESG 总分的 3%。

Del Giudice 和 Rigamonti（2020）在《审计是否提高了 ESG 分数的质量？——公司不当行为的证据》中调查了企业不当行为曝光后 ESG 得分的变化，以研究独立企业审计的企业是否有助于提高 ESG 得分等可靠性。ESG 等评分分为企业不当行为发生前后两个阶段，采用 Thomson – Eikon 公司的评价体系。Thomson – Eikon 公司自 2002 年以来已为 5000 多家上市公司提供 ESG 评级，其 ESG 评估主要基于三个公开来源：公司的 ESG 报告、非政府组织（NGO）网站和可靠的媒体渠道。ESG 方面共有 750 个数据点，被分为 18 类。每个类别中，ESG 得分从 0 到 100 分不等，得分越高，表明企业可持续发展水平越高。Thomson – Eikon ESG 还提供了有关争议的信息。争议分数反映了媒体对过去负面事件的报道，这些负面事件引起了投资者的注意。这类新闻损害了公司的声誉，并引发了对未来盈

表 2.8　ASSET4 ESG 绩效评价体系

项目	维度	分类	指标	数据点
整体绩效	经济绩效	客户忠诚度	超过 250 个指标（根据数据点值计算）	超过 750 个指标、链接到公共数据源（原始数据）
		公司业绩		
		股东忠诚度		
	环境绩效	资源减少		
		减排		
		产品创新		
	社会绩效	就业质量		
		健康和安全		
		培训与开发		
		多样性		
		人权		
		社区		
		产品责任		
	治理绩效	董事会结构		
		补偿政策		
		董事会职能		
		股东权利		
		愿景与战略		

资料来源：Lee D D，Fan J H，Wong V S H. No More Excuses! Performance of ESG – Integrated Portfolios in Australia［J］. Accounting and Finance，2021，61（S1）：2407 – 2450.

利能力的质疑，从而增加了业务的风险。该文中 ESG 争议被分为 31 类，并被重新编码为 ESG 传统支柱。例如，环境争议涉及泄漏和污染或生物多样性。社会争议与童工、产品质量、健康和安全有关。治理争议是由于贿赂、内幕交易或超额报酬引起的。最终文中采用 Thomson – Eikon 提供的包含了关于 ESG 争议分数的 ESG 综合得分来衡量企业两次的 ESG 评价分数，并且根据 Thomson – Eikon 披露的关于每个 ESG 报告发布都有外部审计师的信息的特征，将 ESG 数据的内部来源是否经过审计的信息添加到研究数据库中，以区分是否审计对 ESG 评分的影响。

从市场可持续发展的走向来看，市场和消费者要求企业提供负责任的产品和服务，并承担起企业对利益相关方的责任，资本市场和交易所对企业社会责任信息披露的监管重点也逐渐实现从鼓励发布 CSR 报告到要求披露 ESG 信息的转变。但综合国外学者对企业 ESG 评价指标体系的研究，不难看出，当前国外对 ESG 的评价基本以第三方机构的评价体系为依据，而且各机构采用的衡量框架有共性，但不同机构对环境保护、社会责任、公司治理的定义不同，加权方式不同，使同一企业在不同标准下的评价结果差异较大。从另一种意义而言，不同 ESG 机构的评级可能对 ESG 评价结构有不同的解释，并在可持续性主题方面有不同的关注点。综合当前学者 ESG 评价体系的研究实践来看，数据点和度量标准比较公开透明并且指数处理较为详细的汤森路透的 ASSET4 和 MSCI ESG 评价体系应用较多。但同样应该确认的是，不同的评价体系只是企业需要进行 ESG 评级时所选取的一种方式。当 ESG 指标尽可能准确地反映企业在 ESG 问题上的表现时，企业的管理者和投资者就可以将这些数据纳入其业务分析和评估工具中，并能够将其可持续发展能力纳入其运营流程和投资战略中。

通过梳理国外文献中 ESG 研究成果发现，对企业而言，ESG 评级较高的公司比同行更具竞争力。这种竞争优势可能源于其对资源更有效的利用、更好的人力资本运用或者更好的创新管理，激励企业关注员工保障、社会责任、环境保护等非财务影响，推动企业实现长期可持续经营发展。除此之外，ESG 评级较高的公司通常更擅长制定长期的业务计划和对高管的激励计划，并利用其竞争优势产生更高的盈利。而进一步地，高盈利能力的公司，支付的股息也应该较高。从控制风险的角度来看，具有较高 ESG 评级的公司通常在公司管理中具有高于平均水平的风险控制能力，风险事件的减少可以降低公司股价的下行风险。传统的以追求财务绩效为目标的投资决策，主要考虑公司的基本面情况，包括财务状况、盈利水平、运营成本和行业发展空间等因素。因此，对投资机构和个人投资者来说，ESG 投资将 ESG 因素纳入投资决策中，提倡一种在长期中能够带来持续回报的经营方式。以 ESG 指标表现优秀的企业为投资对象，更便于投资者识别企业面临的风险，衡量企业的可持续发展能力，从而获得长期稳定的投资回报。应该来说，ESG 评级必定会促进企业更好地关注环境、社会和治理，推动企业可持续发展，使企业在微观关注和宏观上的新发展理念、高质量发展能够更好地契合。

2.2　国内 ESG 评价研究述评

本节主要梳理和总结国内学者对企业社会责任（CSR）、环境责任的测量及评价体系采用，国内学者构建和采用的企业 ESG 评价指标体系。

2.2.1　国内学者对企业社会责任（CSR）、环境责任的测量及评价体系采用

为了具体了解国内学者对企业社会责任、环境责任的测量和评价体系的使用，将"CSR""社会责任""环境责任"等作为关键词在中国知网数据库进行主题检索，研究领域设定为社科，子数据库设定为应用研究。在结果集内进行关键词（评价、绩效、测评等）二次检索，按照被引频次进行排序，根据标题、摘要的内容与研究主题的匹配度进行文献选择，并重点关注该领域内权威期刊（如《中国工业经济》《管理世界》等），最终筛选出 7 篇相关文献。

黄群慧等（2009）在《中国 100 强企业社会责任发展状况评价》中根据"三重底线"和利益相关方理论等经典的社会责任理论构建出一个责任管理、市场责任、社会责任、环境责任"四位一体"的理论模型，通过对标分析国际社会责任指数、国内社会责任倡议文件和世界 500 强企业社会责任报告构建出分行业的社会责任评价指标体系。中国 100 强企业社会责任指标体系由三个层级构成，各行业的一级指标与二级指标均相

同，三级指标因行业特性而有所区别。一级指标包括责任管理、市场责任、社会责任和环境责任。其中，责任管理包括四个二级指标，分别是责任治理、责任推进、责任沟通和守法合规；市场责任包括三个二级指标，即股东责任、客户责任、伙伴责任；社会责任包括政府责任、员工责任和社区责任三个二级指标；环境责任由环境管理、节约资源能源、降污减排构成。13 个二级指标分解为超过 100 个三级指标（见表 2.9）。

表 2.9　企业环境责任评价指标体系

一级指标	二级指标	三级指标
责任管理	责任治理	超过 100 个三级指标 尚未全部展示
	责任推进	
	责任沟通	
	守法合规	
市场责任	股东责任	
	客户责任	
	伙伴责任	
社会责任	政府责任	
	员工责任	
	社区责任	
环境责任	环境管理	
	节约资源能源	
	降污减排	

资料来源：黄群慧，彭华岗，钟宏武，张蒽. 中国 100 强企业社会责任发展状况评价［J］. 中国工业经济，2009（10）：25－37.

徐泓和朱秀霞（2012）在《低碳经济视角下企业社会责任评价指标分析》中根据企业社会责任的内涵，将其划分为经济责任、法律责任、伦理责任、慈善责任，并据此建立了一套客观、公正、具有可操作性的社会责任评价指标体系（见表 2.10）。

表 2.10　企业环境责任评价指标体系

类型	指标	定义
经济责任	每股收益	企业当年获取的净利润÷普通股股数
	销售净利率	净利润÷销售收入净额×100%
	总资产报酬率	息税前利润÷平均资产总额×100%
	资产收益率	净利润÷平均资产总额×100%
	净资产收益率	净利润÷平均净资产×100%
	流动比率	流动资产÷流动负债×100%
	速动比率	（流动资产－存货等）÷流动负债×100%
	现金比率	（货币资金＋有价证券）÷流动负债×100%
法律责任	资产纳税率	企业纳税总额÷平均资产总额×100%
	税款上交率	已纳税款÷营业收入×100%
	工资支付率	已付工资÷应付工资×100%
	员工伤亡率	员工伤亡人数÷员工人数×100%
	员工平均工资	实际发放工资÷员工人数×100%
	劳动合同签订率	已签劳动合同人数÷员工人数×100%
	营业成本率	营业成本÷营业收入×100%
	产品合格率	合格产品收入÷营业收入×100%
	产品退货率	退货产品额÷营业收入×100%
伦理责任	员工工资增长率	本年度员工工资增长额÷上年度员工工资额×100%
	就业贡献率	为员工支付的现金÷平均净资产总额×100%
	员工教育经费比率	员工教育经费÷营业收入×100%
	社会贡献率	企业社会贡献总额÷平均资产总额×100%
	社会积累率	上交国家财政总额÷企业社会贡献总额×100%
	环保经费额	环保设备折旧费＋环保费用支出
	环保投资率	环保经费投入额÷平均固定资产总额×100%
	环保经费比	环保经费额÷营业收入×100%
	环保经费增长率	（当年环保经费总额－上年环保经费总额）÷上年环保经费总额×100%
	单位产值能耗量	能源消耗量÷总产值×100%
	单位产值排废率	污染物排放量÷总产值×100%
慈善责任	捐赠支出额	公益性捐赠额＋非公益性捐赠额
	捐赠收入比	捐赠支出额÷营业收入×100%

资料来源：徐泓，朱秀霞．低碳经济视角下企业社会责任评价指标分析［J］．中国软科学，2012（1）：153－159.

贺立龙等（2014）在《企业环境责任界定与测评：环境资源配置的视角》中基于环境配置的社会福利效应，考虑评价指标可比较、绩效可计量和数据可获取等标准，以企业环境责任表现指数为核心，构建企业环境责任评价体系。评价内容集中于五个方面：①环境违法违规的发生频率及后果严重性；②环境责任事故的发生频率及后果严重性；③环境成本内部化率；④环境资源的经济利用效率；⑤环保公益、慈善行为及社会效应。据此设定五类指标及权重，分解为若干"关键表现指标"（KPI），综合为三项责任指数，按相应权重换算为综合得分，分值越高，企业环境责任感越强（见表2.11）。

表 2.11　企业环境责任评价指标体系

一级指标	二级指标（KPI）及评价标准	责任指数	总分、评级
环境守法守规责任	出现环境违法行为，情节严重或影响恶劣，扣除 100%，情节或影响轻微，逐次递减 10%；出现重大环境违规行为，情节或影响恶劣，逐次扣除 50%；情节或后果轻微，逐次递减 5%。自100%起，累计扣减，直至为 0	I "合法性与安全性"责任指数公式：KPI①值×②值×100×60%（60%为此项的权重）	三项责任指数得分求和综合评级
环境事故防治责任	出现重大环境事故并造成严重后果，扣除 100%，情节或后果轻，逐次递减 10%；拒绝或消极治理损害并拒绝承担后果，逐次扣除 50%；积极负责但成效不佳逐次递减 5%。自 100%起，累计扣减，直至 0		
环境成本内部化责任	①污染物的内部化：选用企业污染物产生量的自我削减率作指标；②污染损害的内部化：企业承担的排污税费及损害赔偿，在造成当地污染损害的评估值中，所占比重	II "环境配置与利用优化"责任指数公式：KPI①值×②值×③值×④值×100×30%（30%为此项的权重）	
环境资源有效利用责任	①节能减排绩效企业单位增加值能耗（如 CO_2，与基准能耗（可取当地平均水平作为基准值）之比（%）；②环境成本含量：企业增加值与同期引起的环境成本之比（V/C_{EN}，%）		

续表

一级指标	二级指标（KPI）及评价标准	责任指数	总分、评级
公益、内控、声誉等方面的责任	①有重大环境公益行为且社会影响极好，逐次递增50%；一般公益行为，逐次增10%；累计到100%为止； ②视企业环保制度健全、有效程度，等级从低到高分别取值30%、60%、80%、100%； ③调查公众及利益相关者对企业环保声誉评价与环境责任满意度，等级从低到高分别取值20%、40%、60%、80%、100%	Ⅲ"公益、内控、声誉"责任指数公式：KPI①值×②值×③值×100×10%（10%为此项的权重）	三项责任指数得分求和综合评级

注：评级标准为，平均分处于［60，70），企业环境责任表现"及格"；［70，80），"一般"；［80，90），"良好"；［90，100］，"优秀"；［30，60），"不及格"；（0，30），"很差"；0，"恶劣"。

资料来源：贺立龙，朱方明，陈中伟. 企业环境责任界定与测评：环境资源配置的视角［J］. 管理世界，2014（3）：186－187.

汪贤武（2015）在《通信服务业企业社会责任评价研究——基于多层次－模糊综合评价方法》中构建了通信服务业社会责任评价指标体系，在层次分析法的原理上，使用多层次－模糊综合评价方法对通信服务业社会责任进行评价（见表2.12）。

表 2.12　通信服务业社会责任评价指标体系

利益相关者类型	载体名称	评价指标
货币资本利益相关者（M）	对股东的责任	总资产收益率
		资本保值增值率
		能够开创新的价值增长空间
		年度接受反腐教育与培训人次数（人次）
	对债权人的责任	资产负债率
		流动比率
		能够按时还本付息
人力资本利益相关者（H）	对员工的责任	员工获利水平
		员工年人均培训费用（时间）

续表

利益相关者类型	载体名称	评价指标
社会资本利益相关者（S）	对政府的责任	纳税额
		带动就业人数
	对顾客的责任	百万客户申诉率
		GSM 全程呼叫成功率
		3G 网全程呼叫成功率
		应急通信保障次数
		处理客户不良信息举报数量
		客户隐私泄漏事件发生率
		恶意侵害事件发生率
	对供应商的责任	应付账款周转率
		制定完善的供应商管理办法
	对公益的责任	捐赠收入比
	对社区的责任	基站电磁辐射量化评估
		社区建设资金投入比
生态资本利益相关者（E）	对环境的责任	环境治理费用比率
		新能源基站到达数
		CO_2 排放总量（百万吨）
		电子渠道业务办理占比（%）
		制定完善的环境问题处理机制

资料来源：汪贤武. 通信服务业企业社会责任评价研究——基于多层次﹣模糊综合评价方法 [J]. 华东经济管理，2015（7）：138﹣142.

Du（2018）在《公司环境绩效、会计稳健性与股价崩盘风险——来自中国的证据》中构建企业环境绩效（CEP）指标，根据 GRI（2006）分为 7 个大类、45 个小类。数据来源于上市公司年度报告、社会责任报告和其他披露中的环境信息，使用内容分析方法来评估环境绩效，并计算公司的总体环境绩效（见表 2.13）。

表 2.13　企业环境绩效（CEP）评价体系

一级指标	二级指标
公司治理结构和管理体系	公司设有污染控制的部门或环境管理的职位
	董事会内设有环境或公众事务委员会
	有适用于供应商或客户的有关环保措施的条款
	利益相关者参与制定公司环境政策
	在工厂或公司层面执行 ISO 14001（环境管理体系认证）
	高管薪酬与环保表现挂钩
信誉	采用 GRI 可持续发展报告的规则或提供 CERES 报告
	对 EP 报告/网页中披露的环境信息进行独立核实或独立保证
	对环境表现或环境系统进行定期独立核实或审核
	由独立机构签发环保计划证书
	与环境影响有关的产品认证
	外部环保表现纳入可持续发展指数
	利益相关者参与环境披露过程
	参与中国环境保护部批准的自愿环境行动
	参与行业协会或主动改善环保措施
	参与其他环保组织或协会以改善环保措施（如果没有加入前两项组织）
环境表现指标（EPI）	能源使用或能源使用效率
	水资源使用或水资源使用效率
	温室气体排放
	其他气体排放
	TRI（土地资源、水资源、空气）
	其他废弃物、排放物或泄漏物（非 TRI）
	废物产生及管理（循环再利用、减少及处置）
	土地和资源利用、生物多样性及保护
	产品及服务对环境的影响
	合规性（例如超标等必须报告的事件）
环境支出	环保措施节省的美元总数
	用于提升环保表现或环保效率而花费在技术、研发和创新方面的金额
	与环境有关的罚款金额

一级指标	二级指标
愿景及战略主张	行政总裁致股东及利益相关者的环保表现声明
	企业环保政策、价值观和原则、环保行为守则
	关于环保风险和绩效的正式管理体系的声明
	公司对其环保绩效进行定期审查和评价的声明
	就未来的环保表现提出可衡量的目标
	关于具体环保创新或新技术的声明
环境概况	关于公司遵守（或不遵守）特定环境标准的声明
	产业对环境影响的概述
	商业运作或产品及服务如何影响环境的概述
	公司相对于同业的环保表现的概览
环保倡议	有关环保管理方面的员工培训的实质性描述
	在发生环保事故时是否有应对计划
	内部环保奖励
	内部环保审计
	环保计划的内部认证
	社区参与或与环保有关的捐款

资料来源：Du X Q. Corporate Environmental Performance, Accounting Conservatism, and Stock Price Crash Risk: Evidence from China [J]. China Accounting and Finance Review, 2018, 3 (20): 1.

冯梅等（2019）在《基于负外部性视角下中国工业环境责任评价体系研究》中借鉴"四位一体"模型，从环境管理、降污减排和节约资源能源三个方面，选取了 22 个指标，系统地构建适合中国工业领域的环境责任评价模型和指标体系（见表 2.14）。

表 2.14　工业环境责任评价指标体系

一级指标	分项指标	基础指标	计量单位	指标属性
环境管理	环境管理意愿及能力	环境污染治理投资	亿元	正指标
		人均地区生产总值	元	正指标
	环境治理	工业污染源治理投资	亿元	正指标
		当年完成工业企业验收项目环保投资	亿元	正指标

续表

一级指标	分项指标	基础指标	计量单位	指标属性
降污减排	工业废水	工业废水排放量	万吨	逆指标
		工业废水中化学需氧量排放量	万吨	逆指标
		工业废水治理设施数	套	正指标
		工业废水治理设施处理能力	万吨/日	正指标
	工业废气	工业废气排放量	亿立方米	逆指标
		工业二氧化硫排放量	万吨	逆指标
		工业烟（粉）尘排放量	万吨	逆指标
		工业废气治理设施数	套	正指标
		工业废气治理设施处理能力	万立方米/时	正指标
	工业固体废物	一般工业固体废物产生量	万吨	逆指标
		危险废物比例	%	逆指标
		一般工业固体废物处置率	%	正指标
节约资源能源	能源资源消耗	万元产值综合能耗	吨标准煤/万元	逆指标
		万元产值水耗	立方米/万元	逆指标
		万元产值用电量	千瓦时/万元	逆指标
	能源资源再生	各地区城镇污水再生利用量（工业用途）	万吨	正指标
		工业用水重复利用率	%	正指标
		一般工业固体废物综合利用率	%	正指标

资料来源：冯梅，闫雅芬，吴迪．基于负外部性视角下中国工业环境责任评价体系研究 [J]．宏观经济研究，2019（4）：63－72，152.

孟斌等（2019）在《基于模糊－Topsis 的企业社会责任评价模型——以交通运输行业为例》中以国际标准化组织 ISO 26000、全球报告倡议组织的 G4 标准为基础，通过主基底分析遴选出对企业社会责任评价结果影响显著的指标，采用相关分析剔除信息反映重复的指标，设立了包含 6 个一级准则层、12 个二级准则层、39 个指标的交通运输行业企业社会责任评价指标体系。通过模糊 Topsis 对指标进行赋权，构建交通运输行业企业社会责任绩效评价模型（见表 2.15）。

表 2.15　交通运输行业企业社会责任评价指标体系

一级指标	二级指标	三级指标
责任治理	责任回应	董事会中独立董事所占比率
		监事会会议次数
		建立企业社会责任风险管理机制
		参加企业社会责任相关公益组织
	利益相关者	是否明确利益相关者
		明确利益相关者诉求
人权	员工权利	协议、合约或章程通过人权审查
		员工民主管理权与各项基本权利保障
		是否实现带薪休假
		教育培训程度
	福利薪酬	薪酬与福利之和占主营业务收入比率
		超时工作是否支付额外报酬
		提供健康安全的工作环境
环境绩效	资源可持续性	提高环境保护和改善的技术水平
		循环再造物料的使用
		万元产值综合能耗
	污染物排放	减少"三废"排放的计划
		有害废弃物的运输或处理
		重大污染事件
		固体废弃物排放量
公平运营	反腐败措施	信息披露公开透明
		建立反腐败相关的制度
	合规守法	法律诉讼事件涉及数
		罚款及非经济处罚事件数
		产权诉讼情况
		申诉处理时间
		申诉事件处理率
客户服务	客户权益保障	客户投诉渠道
		是否保障消费者的知情权
		客户满意度

续表

一级指标	二级指标	三级指标
客户服务	服务质量	安全生产的检查次数
		有无产品和服务的违法事件
		是否对合作的供应商进行综合监察
经济贡献	直接经济社会贡献	净资产收益率
		股本报酬率
		职工年平均工资
	间接经济社会贡献	税款增长率
		应收政府补贴款
		捐赠收入比

资料来源：孟斌，沈思祎，匡海波，李菲，丰昊月．基于模糊－Topsis 的企业社会责任评价模型——以交通运输行业为例［J］．管理评论，2019，31（5）：191－202.

2.2.2　国内学者构建和采用的企业 ESG 评价指标体系

为了具体了解国内学者构建和采用的企业 ESG 评价指标体系，将"ESG"作为关键词在中国知网数据库进行主题检索，共检索出 903 篇文献。按照被引频次进行排序，通过标题、摘要内容与研究主题的匹配度进行文献筛选，并重点关注该领域内权威期刊，最终筛选出 7 篇国内 ESG 评价指标体系的文献。

中国工商银行绿色金融课题组等（2017）在《ESG 绿色评级及绿色指数研究》中对 ESG 框架体系的构建充分借鉴了国际评级机构的经验，结合国内绿色信贷和风险识别的实践，保证了评级体系的可靠性和针对性。整个框架体系涵盖三个层级，其中第一层级采用国际通用的概念框架，包括环境（E）、社会责任（S）和公司治理（G）三类大项。第二层级则包含了每个大项对应的具体方面，是对第一层级三个维度所包含概念的具体化。第三层级则是能够具体反映受评对象在每个方面上表现的代理指标。第二、第三层级充分借鉴了传统的绿色信贷和风险识别经验，并广泛征求国内外专家意见，筛选确定了 17 个维度和 32 个关键指标。数据来源多元、可靠，提升了评级的准确性和有效性（见表2.16）。充分挖掘银行内部客户数据信息，利用 Trucost 公司提供的环境数据及客户公开披露数据，弥补了目前企业 ESG 信息披露不足的问题。结合中国国情突出了环境因素在整个评价体系中的权重。在兼顾环境、社会责任和公司治理三个维度的同时，结合中国所处发展阶段及环保问题突出的实际情况，课题组对企业的污染物排放、环保信息披露程度、环保违规处罚及重大安全事故等指标赋予了相对较高的权重，使评级结果对企业环境表现的敏感性较强。

表 2.16 ESG 绿色评级

一级指标	二级指标	三级指标
环境	公司的环境友好程度分类	32 个关键指标尚未公开
	企业生产过程中各类污染物的排放强度：从污染源来看，应综合评价企业生产给大气、土壤、水资源等带来的各类影响；而从渠道来看，应包含企业生产所带来的直接环境污染和带动上下游供应链产生的间接污染	
	政府环保处罚和突发环境事件给企业声誉和经营带来的影响	
	表征企业主动管理风险的能力的相关制度与信息披露水平	
社会责任	社会责任综合评价	
	劳动保护	
	工会与培训	
	社会公益	
	突发事件	
	社会信息披露	
公司治理	公司治理综合评价	
	企业经营足迹	
	反腐败	
	税收透明	
	商业道德	
	合规经营	
	公司治理信息披露	

资料来源：中国工商银行绿色金融课题组，张红力，周月秋，殷红，马素红，杨荇，邱牧远，张静文. ESG 绿色评级及绿色指数研究 ［J］. 金融论坛，2017，22（9）：3-14.

操群和许骞（2019）在《金融"环境、社会和治理"（ESG）体系构建研究》中参考联合国责任投资倡议组织针对环境、社会和治理方面的考量因素、Vigeo 可持续评级数据库等，并重点结合世界银行、国际金融公司，分环境、社会和治理三个方面，探索性地提出了一些金融 ESG 的衡量指标，为金融机构/组织设立自身和评判其他企业的 ESG 方面的表现提供若干借鉴。环境方面包括温室气体排放、本地和区域空气质量、资源消耗量、污染、土地利用率、沙漠化率、生物多样性、废弃物管理等；社会方面包括工作环境、当地社区、健康和安全、教育、雇员关系、员工多样性、性别平等、客户权益、社会保障、民主制度（包括政治自由和稳定、司法独立、市场制度、舆论自由）等；治理方面包括现代企业治理结构、股东权利、董事会多样性和结构、管理层薪酬、反贿赂和腐败、会计准则、操作流程、透明度和沟通、披露等（见表 2.17）。

表 2.17　金融 ESG 体系

金融机构自身 ESG			服务的实体经济对象 ESG		
环境	社会	治理	环境	社会	治理
碳排放	工作环境	治理环境	温室气体排放	工作环境	现代企业治理结构
环境评估	当地社区	治理结构	本地或区域空气质量	当地社区	股东权利
环境专员	员工多样性	对其他金融机构的监督	资源消耗量	健康和安全	董事会多样性
……	雇员关系	董事会风险偏好	污染预防和管理	教育	董事会结构
	员工健康与安全	董事会职责	资源效率	员工和工作条件	董事会职责
	性别平等	股东权利	土地利用率	员工多样性	管理层薪酬
	客户权益	反贿赂和腐败	沙漠化率	雇员关系	反贿赂和腐败
	社会保障	经理层行为	生物多样性	性别平等	会计准则
	社会专员	利益相关者	废弃物管理	客户权益	操作流程
		信息披露	气候变化	社会保障	透明度和沟通
	……	操作程序	当地保护区占比	与客户和供应商关系	利益相关者权益

金融机构自身 ESG			服务的实体经济对象 ESG		
环境	社会	治理	环境	社会	治理
		受托责任	土地征用	农业和食品安全	投资者关系
		组织能力	土地使用限制	地区合作和整合	披露
……	……	管理信息系统	能源	社会发展和贫困	信息公开
			水	交通	公共管理
		……	灾害风险管理	城市发展	诚信
			环境保护	农村发展	政治游说
			……	文化遗产	捐赠

资料来源：操群，许骞. 金融"环境、社会和治理"（ESG）体系构建研究［J］. 金融监管研究，2019（4）：95 - 111.

邱牧远和殷红（2019）在《生态文明建设背景下企业 ESG 表现与融资成本》中分别构建企业环境、社会责任和公司治理的代理指标。企业环境表现方面，由于目前可用的公开信息较少，文中以公众环境研究中心（IPE）网站上披露的企业年内受到环保处罚的次数作为衡量企业环境绩效的指标。将各上市企业及其子公司在会计年度受到的环保处罚数量进行加总，得到年内政府环保处罚的次数。该指标数值越高，表明企业年内受到的环保处罚越多，环境表现越差。社会责任方面，此前文献中大多以是否发布社会责任报告作为企业社会责任的代理变量。但作为一种非强制性的要求，企业社会责任报告质量存在较大差异，一些企业社会责任报告中披露的信息过于模糊，还存在以模糊信息为自身洗白的可能。文中对企业年度社会捐赠额，是否制定股东保护政策、债权人权益保护政策、员工保护政策、安全生产政策、供应商保护政策、消费者保护政策几个变量进行主成分分析，并选取第一主成分作为企业社会责任表现的代理变量。通过正规化处理，该指标数值越大，表明企业社会责任表现越好。公司治理是一个包含多维度因素的变量，借鉴白崇恩等（2005）、蒋琰和陆正飞（2009）构建公司治理指数的方式，对独立董事比例、董事长与总经理兼任（虚拟变量）、是否国有控股（虚拟变量）、战略委员会设置是否完备几个变量进行主成分分析，并选取第一主成分作为企业治理能力的代理变量，该指标数值越大，表明企业公司治理能力越高（见表 2.18）。

表 2.18　企业 ESG 表现代理指标

类型	指标	定义
环境	公众环境研究中心（IPE）网站上披露的企业年内受到环保处罚的次数	
社会责任	企业年度社会捐赠额	进行主成分分析，选取第一主成分作为代理变量
	是否制定股东保护政策	
	是否制定债权人权益保护政策	
	是否制定员工保护政策	
	是否制定安全生产政策	
	是否制定供应商保护政策	
	是否制定消费者保护政策	
公司治理	独立董事比例	进行主成分分析，选取第一主成分作为代理变量
	董事长与总经理兼任（虚拟变量）	
	是否国有控股（虚拟变量）	
	战略委员会设置是否完备	

资料来源：邱牧远，殷红. 生态文明建设背景下企业 ESG 表现与融资成本［J］. 数量经济技术经济研究，2019，36（3）：108－123.

孙冬等（2019）在《ESG 表现、财务状况与系统性风险相关性研究——以沪深 A 股电力上市公司为例》中，ESG 指标体系采用 Zhao（2018）的综合评价法。该指标体系主要针对电力行业，融合了 P－S－R 模型，主要设定如下：共有环境（E）、社会（S）、公司治理（G）3 个一级指标，环境压力（EP）、环境状态（ES）、环境响应（ER）且不考虑治理压力（GP）等 8 个二级指标，以及氮氧化物排放率、供电标准煤耗等 38 个三级指标（见表 2.19）。该体系充分考虑到了电力行业的特点，计算出的

ESG 得分有很强的说服力。

表 2.19 2016 年华润电力控股有限公司指标评价体系

一级指标	二级指标	三级指标	指标属性
环境	EP	氮氧化物排放率	负指标
		二氧化硫排放率	负指标
		二氧化碳排放率	负指标
		烟气排放率	负指标
		废水排放率	负指标
		环境安全事故数	负指标
	ES	供电标准煤耗	负指标
		电厂用电率	负指标
		万元工业增加用水量	负指标
		万元工业增加能耗	负指标
	ER	环境保护总投资占收入的百分比	正指标
		节能技术改造投资占营业收入	正指标
		灰分利用率	正指标
		清洁能源运营权益装机容量比例	正指标
		燃煤火力发电厂脱硫设施安装率	正指标
		燃煤火力发电厂脱硝设施安装率	正指标
社会	SP	重大设备事故	负指标
		通用设备事故	负指标
		伤亡事故	负指标
		计划外中断	负指标
	SS	女职工比例	正指标
		残障员工比例	正指标
		安全工程师占安全管理人员的比例	正指标
		持牌安全管理人员的比例	正指标
		员工平均每年带薪假期	正指标
	SR	社会保险费率	正指标
		员工年培训率	正指标
		年健康检查率	正指标
		慈善捐款占收入的百分比	正指标

一级指标	二级指标	三级指标	指标属性
公司治理	GS	每年提名委员会会议次数	正指标
		每年薪酬委员会会议次数	正指标
		审计委员会	正指标
		每年召开董事会会议	正指标
	GR	公司秘书的年度培训时间	正指标
		提名委员会的出席率	正指标
		评估与风险委员会的出席率	正指标
		董事会出席率	正指标
		薪酬委员会出席率	正指标

资料来源：孙冬，杨硕，赵雨萱，袁家海. ESG 表现、财务状况与系统性风险相关性研究——以沪深 A 股电力上市公司为例［J］. 中国环境管理，2019，11（2）：37－43.

　　周方召等（2020）在《上市公司 ESG 责任表现与机构投资者持股偏好——来自中国 A 股上市公司的经验证据》中选取第三方测评机构和讯网发布的《上市公司社会责任报告》评价得分。首先，其发布的上市公司社会责任报告专业评测体系数据来源于上交所与深交所的企业通过官网发布的社会责任报告及年报，整体上较为权威且真实。其次，为了将环境、社会和公司治理因素更为细致地加以展现，该报告专业评测体系从股东责任，员工责任，供应商、客户和消费者权益责任，环境责任和社会捐赠责任五项入手考察，在此基础上分别设立二级和三级指标对社会责任进行全面而详细的评价，其中涉及二级指标 13 个，三级指标 37 个。文中将其中前三类合并相加得到利益相关者责任（Stakeholder），后两项为环境责任（Environment）和慈善捐赠责任（Society）来分别研究企业的环境、社会和公司治理层面表现情况，并以最终三项之和的总体得分（Score）来衡量上市公司 ESG 责任总体表现。

　　和讯网发布的上市公司社会责任报告专业评测体系根据行业特征赋予每一项责任不同的权重以进一步保证其准确性。该测评体系对于消费类、制造类、服务类及其他默认类行业有不同的评价指标权重设定，对消费类行业更加重视供应商、客户和消费者权益责任，制造类行业更加注重环境责任，而对服务类行业公司则更加重视社会责任。具体来看，对于其他默认类行业，按照股东责任评价指标占比 30%，社会及环境责任评价指标分别占比 20%，员工责任及供应商、客户和消费者权益责任评价指标分别占比 15% 的权重划分。在此基础上，消费类行业对于供应商、客户和消费者权益责任类的评价指标权重提升到 20%，相应员工责任压缩至 10%；制造类行业对于环境责任的评价指标权重提升至 30%，相应社会责任压缩至 10%；相比之下，服务类行业则对于社会责任的评价指标权重提升至 30%，环境责任权重则相应压缩至 10%。这样也在一定程度上确保各类别行业之间公司的可比性，以及按照各行业属性进行综合评分的合理性（见表 2.20）。

表 2.20　和讯上市公司 CSR 测评体系

一级指标	权重（%）	二级指标	权重（%）	三级指标	权重（%）
股东责任	30	盈利	10	净资产收益率	2
				总资产收益率	2
				主营业务利润率	2
				成本费用利润率	1
				每股收益	2
				每股未分配利润	1
		偿债	3	速动比率	0.5
				流动比率	0.5
				现金比率	0.5
				股东权益比率	0.5
				资产负债率	1
		回报	8	分红融资比	2
				股息率	3
				分红占可分配利润比	3
		信息披露	5	交易所对公司和相关责任人处罚次数	5

续表

一级指标	权重（%）	二级指标	权重（%）	三级指标	权重（%）
股东责任	30	创新	4	产品开发支出	1
				技术创新理念	1
				技术创新项目数	2
员工责任	15（消费行业 10）	绩效	5（消费行业 4）	职工人均收入	4（消费行业 3）
				员工培训	1
		安全	5（消费行业 3）	安全检查	2（消费行业 1）
				安全培训	3（消费行业 2）
		关爱员工	5（消费行业 3）	慰问意识	1
				慰问人	2（消费行业 1）
				慰问金	2（消费行业 1）
供应商、客户和消费者权益责任	15（消费行业 20）	产品质量	7（消费行业 9）	质量管理意识	3（消费行业 5）
				质量管理体系证书	4
		售后	3（消费行业 4）	客户满意度调查	3（消费行业 4）
		诚信互惠	5（消费行业 7）	供应商公平竞争	3（消费行业 4）
				反商业贿赂培训	2（消费行业 3）
环境责任	20（制造行业 30、服务行业 10）	环境治理	20（制造行业 30、服务行业 10）	环保意识	2（消费行业 4）
				环境管理体系认证	3（制造行业 5、服务行业 2）
				环保投入金额	5（制造行业 7、服务行业 2）
				排污种类数	5（制造行业 7、服务行业 2）
				节约能源种类数	5（制造行业 7、服务行业 2）
社会责任	20（制造行业 10、服务行业 30）	贡献价值	20（制造行业 10、服务行业 30）	所得税占利润总额比	10（制造行业 5、服务行业 15）
				公益捐赠金额	10（制造行业 5、服务行业 15）

资料来源：周方召，潘婉颖，付辉. 上市公司 ESG 责任表现与机构投资者持股偏好——来自中国 A 股上市公司的经验证据［J］. 科学决策，2020（11）：15 - 41.

于涵（2020）在《环境、社会、公司治理（ESG）对金融中介机构绩效的影响研究》中采用 MSCI ESG 评级。在 MSCI ESG 评级体系中，环境维度包括以下主要指标：气候变化、环境管理系统、生物多样性和土地利用、原材料来源，以及水资源紧张；社会维度包括以下指标：现金利润分享、员工健康与安全、员工参与、人力资本发展、人权政策与措施、产品安全与质量、融资情况、供应链劳动标准；公司治理维度中包括性别平等、腐败与政治不稳定、金融体系不稳定、有限报酬、所有权强度、政治问责强度、公共政策以及报告质量。就证券公司而言，MSCI 主要衡量"融资对环境的影响、人力资本发展、责任投资、公司治理、金融体系稳定性"五项议题指标，从各议题风险暴露水平、风险管理水平、绩效及争议事件等方面进行评估。MSCI 指数作为全球投资组合经理最多采用的投资标的，其 ESG 评级结果已成为全球各大投资机构决策的重要依据，MSCI ESG 股票和固定收益指数产品越来越受到全球资本市场的青睐。

Liu（2020）在《投资者情绪、ESG 评级与股票超额收益》中采用了 Wind 数据库中的商道融绿评级数据。商道融绿是国内较早进入绿色金融和责任投资领域的服务机构，其 ESG 评级系统包含三级指标体系，从环境、社会和公司治理三个维度出发，拓展到 200 余项三级指标，如环境方面的评级指标包括能源消耗、绿色采购政策、温室气体排放等，评级层次分为 ABCD 四个等级，每个等级分为三个小等级，具有一定的科学性和认可度。商道融绿的贡献在于将三级指标分为通用指标和行业指标。

通过对国内文献中的评价体系梳理和总结，我们可以看出，国内已有一些学者对 ESG 评价体系进行了构建和应用，但尚未形成统一，并且学者们使用的评价体系也存在较大差异。

近年来，全球范围内众多金融机构将 ESG 因素纳入自身的研究及投资决策体系中，已有 60 多个国家和地区都出台了关于 ESG 相关的披露要求，部分交易所要求上市企业对相关信息进行强制披露。ESG 投资的规模日益扩张，使 ESG 投资理念趋向主流化，为统一衡量上市公司 ESG 基准，ESG 评价体系及 ESG 评级公司在资本市场中应运而生。随着 ESG 评价供给不断增加，国内外的指数机构不仅构建了 ESG 评价体系，而且提供了丰富的 ESG 指数工具，已经成为全球 ESG 投资发展的核心推动力量之一。总体来看，目前国内外学者在 ESG 评价体系研究中大体采用两种方式，一种是针对具体研究内容自主构建 ESG 评价体系，这种方式针对性和应用性更强，融合了特定行业的特定指标，对问题的深入研究提供了积极的参考价值；另一种是直接采用各大评级机构的 ESG 评价体系，这种方式通用性和权威性更强，融合了专业机构在评价方面的丰富经验，对研究结果的科学性提供了一定保障。当前，全球已有超过 600 项 ESG 评级及排名体系，其中国内外的 MSCI ESG 评级、汤森路透 ESG 评级、商道融绿、嘉实基金等评级体系已在资本市场产生一定影响力，成为主流 ESG 投资评级参考。

第 3 章　国内外评级机构 ESG 评价体系

3.1　国外评级机构 ESG 评价体系

2000 年后，气候变化、金融海啸等可持续问题凸显，ESG 评级机构急速涌现，ESG 投资规模也呈现爆炸式增长，已成为发达市场的一种主流投资方式。在 ESG 理念流行之前，更为人熟知的概念是"企业社会责任"（CSR）。该概念起源于 20 世纪六七十年代，当时西方国家人权运动、公众环保运动和反种族隔离运动的兴起，在资产管理行业催生了相应的投资理念，即应投资者和社会公众的需求，在投资选择中开始强调员工权益、种族及性别平等、商业道德、环境保护等社会责任问题。20 世纪 90 年代，由于资源的短缺、气候变化、公司治理等多方面议题被纳入社会责任投资的考量，社会责任投资开始由道德层面转向投资策略层面。投资者开始在投资决策中综合考量公司的 ESG 绩效表现，衡量 ESG 投资策略对投资风险和投资收益的影响。联合国环境规划署在 1992 年里约热内卢的地球峰会上提出了金融倡议，希望金融机构能把环境、社会和治理因素纳入决策过程，发挥金融投资的力量促进可持续发展。

1997 年，由美国非营利环境经济组织（CERES）和联合国环境规划署（UNEP）共同发起，成立了全球报告倡议组织（GRI），并分别于2000 年、2002 年、2006 年和 2013 年发布了四版《可持续发展报告指南》（以下简称《指南》），该《指南》中提出的可持续发展报告编制标准，为信息披露提供相应的标准和内容建议，但不作为行业和评价准则的硬性要求。2006 年设立的联合国责任投资原则组织（UN PRI）提出的"责任投资原则（PRI）"将社会责任、公司治理与环境保护相结合，首次提出ESG 理念和评价体系，旨在帮助投资者理解环境、社会责任和公司治理对投资价值的影响，鼓励各成员机构将 ESG 因素纳入公司经营中，以降低风险、提高投资价值并创造长期收益，最终实现全社会的可持续性发展。2019 年，全球有超过 2300 家投资机构签署了 UN PRI 合作伙伴关系，管理的资产规模接近 80 万亿美元。参与机构包括全球知名金融机构及养老基金等，如资产管理公司贝莱德、欧洲安联保险公司、对冲基金英仕曼、美国公共养老金、加州公共雇员退休基金等。

随着近几年 ESG 的快速发展，全球范围内众多机构都已将 ESG 因素纳入自身的研究及投资决策体系中，许多国家的证券交易所及监管机构也相继制定政策规定，要求上市公司自愿自主或者强制性披露 ESG 相关信息。全球可持续投资联盟（Global Sustainable Investment Alliance，GSIA）发布的《2020 年全球可持续投资回顾》中数据显示，截至 2020 年初，全球 ESG 资产的管理规模已达 35.3 万亿美元，两年内增长 15%，占目前美国、加拿大、日本、大洋洲和欧洲所有专业管理资产的 36%，超全球总投资资产 1/3，美国和欧洲继续占全球可持续投资资产的 80% 以上。

国际上的 ESG 评价主要涉及三个方面：各国际组织和交易所制定关于 ESG 信息的披露和报告的原则及指引，评级机构对企业 ESG 的评级，以及国际主要投资机构发布的 ESG 投资指数。ESG 信息的披露是前提条件，ESG 评估提供了评价和比较的方法，ESG 投资是基于两者的实践。由于不同机构对 ESG 框架下包含的具体内容、"最佳实践"的考评存在差异，ESG 评估方法目前全球没有统一的标准。当前，全球 ESG 评级机构数量已超过 600 家，其中比较有代表性的主流 ESG 评级机构包括：KLD、MSCI、Sustainalytics、汤森路透、富时罗素、标普道琼斯和 Vigeo Eiris。研究视角、评价体系和数据收集能力的差异最终会导致 ESG 评价结果的不同，但也为投资者提供了丰富全面的 ESG 数据和评价。

随着 ESG 投资理念的发展，国际主要的指数公司都推出了 ESG 指数及衍生投资产品。例如 1990 年全球最早的美国 KLD 公司发布的 ESG 指数 Domini 400 社会指数、明晟发布的 MSCI ESG 系列指数、富时发布的 FT-SE4 Good 系列指数和标普道琼斯发布的 Dow Jones 系列指数等。不同的 ESG 指数代表不同评级机构的 ESG 评价体系，本节对国外主要的七家 ESG 评级机构及其评价方法进行梳理和总结，主要包括机构背景简介、评价原则及方法、评价指标体系、评价结果四个方面内容。

3.1.1 KLD ESG 评价体系

3.1.1.1 机构背景简介

1988 年 5 月，KLD 研究与分析有限公司（KLD Research & Analytics, Inc.）由 Kinder、Lydenberg、Domini 三者创立，总部位于美国波士顿。KLD 是一家独立的投资研究公司，为机构投资者提供权威的社会和可持续性投资研究、咨询服务以及基准和战略指数，使命是"努力消除社会责任投资的障碍，为社会责任投资市场提供卓越的服务"。KLD 公司于 1990 年 5 月发布全球首只以企业的社会责任表现作为主要评估与筛选依据的基准指数——Domini 400 社会指数，它的诞生标志着社会责任投资的理念开始在主流投资活动中产生影响，2006 年后 KLD 将指标体系更新为 ESG 框架。

KLD 公司在成立伊始便是一个理念驱动型（Values - driven）公司，目标是影响企业行为从而促进可持续发展，故其评级和指数是向企业指明重大外部性事项的一种手段。这一底层逻辑直接影响到了 KLD 的评级方法，使其忽视了评级结果与传统财务指标的整合难易度。2009 年 11 月，Kinder 宣布 KLD 公司被风险管理服务提供商 Risk Metrics 集团收购，当时

KLD 公司拥有 60 多名员工，可以对全球 3000 多家公司进行 ESG 评级。而在 2009 年的 2 月，Risk Metrics 就已收购另一家重量级 ESG 评级机构 Innovest。由于 Risk Metric 无法协调 KLD 与 Innovest 在底层逻辑上的分歧，在距离 Risk Metrics 收购 KLD 公司仅过去了六个月，MSCI 于 2010 年 5 月收购了 Risk Metrics 并在此基础上成立了 MSCI ESG Research。MSCI 放弃了 KLD 公司的评估体系，转而选择了 Innovest 于 2004 年开发的"Intangible Value Assessment（IVA）"模型。2011 年 MSCI 将 Domini 400 社会指数更名为"MSCI KLD 400 Social Index"，尽管该指数已采用 IVA 模型进行筛选与评估，但出于市场知名度的考量，KLD 这一元素保留了下来。

3.1.1.2　评价原则及方法

KLD ESG 评价是在对上市公司的环境、社会、治理和涉及争议性产业的表现进行调查研究基础上，建立了一种评价企业对利益相关者承担责任与否的衡量标准。KLD ESG 采用基于叙事的评分方法，在公司自我披露信息的基础上，通常跨行业收集指标。

在完成公司评级后，KLD 会根据新闻信息、财报（季度）信息和年报信息对公司进行监测并根据实际情况及时更新评级，并且邀请行业专家和资深分析顾问对每一年度的评级质量进行回溯性审计以期灵活改进评级方法。与这种"先筛后评"法相对应的是"先评后筛"法——在评分前并不依据价值观念人为缩小投资范围，而是对全部企业完成常规评分后将争议行业或事项作为修正项进行个别调整。随着 ESG 整合策略的兴起，"先评后筛"法因其符合传统投资机构对维护"有效投资边界"的追求而更受青睐。

3.1.1.3　评价指标体系

KLD 公司最初搭建的是企业社会责任（CSR）的评估体系，这一体系从八个维度进行评估：社区关系、员工关系、环境、产品、对妇女和少数民族的待遇、军事合同、核电和南非。在前五个维度中，每家公司得分是从"主要优势"到"主要劣势"的五分制，后三个维度为筛选模式，表现为负数。这一评估体系既保留了道德投资的负面筛选策略，又可以对企业的社会责任表现进行量化评估。

基于这些指标对企业社会责任履行状况的评价，KLD 于 1990 年 5 月发布了世界上首只社会责任投资指数——Domini 400 社会指数（2009 年更名为 KLD 400 社会指数）。该指数由三部分组成：第一，通过负面筛选在标普 500 成分股中剔除大约 250 家处于争议行业（军火、能源等）的公司；第二，从美国大中型公司中选择 100 家社会责任履行状况较好的公司；第三，从美国小型公司中选择 50 家社会责任履行状况较好的公司。这三类约 400 家公司共同组成了 Domini 400 社会指数的成分股，但 KLD 并未披露后两部分具体的公司筛选池。

此外，在对后两类企业进行正面筛选时，KLD 对每家公司的评分采用绝对水平衡量法（这可能导致某些争议行业的所有企业得分均不高），尽管 KLD 在评分完成后考虑了不同行业入选企业数量上的均衡，但这并非一种同业最优的筛选策略。这一策略反映了 KLD 对"可持续的世界"（Sustainable World）的普遍追求，也为 KLD 最初的指标体系融入传统财务分析过程增加了难度。

随着 Domini 400 社会指数受到资本市场越来越多的关注，KLD 有了更多的资源去完善社会责任评估流程，并逐渐形成了成熟的评估方法论。这个流程大致分为四个步骤：信息收集与分析、具体企业评级、信息监测与评级更新、评级质量审计，如图 3.1 所示。

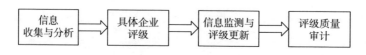

图 3.1　KLD 企业社会责任评估流程

资料来源：KLD、社会价值投资联盟（CASVI）。

1995 年以后，随着南非种族隔离制度的结束，KLD 删去了"是否在南非有经营活动"的评估维度。进入 21 世纪后，KLD 将原有七个维度的内容调整为：环境、社区、公司治理、多样性、员工关系、人权以及产品质量与安全。2001 年至金融危机爆发前是 KLD ESG 评价快速发展的阶段，在发展的鼎盛时期，全球前 50 家资管机构中近 60% 采用 KLD 公司的咨询或评级服务。在 2009 年 11 月被 Risk Metrics 收购之前，KLD 公司已形成了完善的评估流程和指标体系，并以此开发了多种指数产品。在指标维度上，2006 年后 KLD 将自己的指标体系更新为 ESG 框架。同年，联合国支持的责任投资原则组织发布了责任投资原则（Principles for Responsible Investment，PRI），ESG 因素由此开始被广泛研究和运用。随后，为了适应国际不同市场的异质性，KLD 搭建了更为合理的框架，从覆盖范围上将指标分为四类：普通（国际）指标、区域（国别）指标、行业（同类）指标和公司指标，如图 3.2 所示。

	环境	社会	治理
普通	普通性环境指标	普通性社会指标	普通性治理指标
区域	区域性环境指标	区域性社会指标	区域性治理指标
行业	行业性环境指标	行业性社会指标	行业性治理指标
公司	公司性环境指标	公司性社会指标	公司性治理指标

图 3.2　KLD 评级矩阵

资料来源：KLD、社会价值投资联盟（CASVI）。

　　KLD 的评价数据主要来源于公司披露信息，通过公司、媒体、公开资料、政府和非政府组织以及国际同行的信息库这五大渠道收集数据。如

表3.1所示，KLD ESG评估体系中的很多指标至今仍出现在国际主流ESG评级机构的指标体系中。KLD ESG评估体系最大的特点是保留了社会责任投资的筛选策略，其筛选模型是对特定行业或有争议事项的企业直接进行剔除，如成人娱乐业、酒精饮品业、军火业、赌博业、烟草业、避孕用品业等行业，而不是在对所有企业进行社会责任评分后进行淘汰。

表3.1 KLD ESG评价体系（2006～2010年）

一级指标	二级指标	三级指标
环境	气候变化	清洁能源、气候变化等
	产品和服务	利他性与服务、致使臭氧层破坏的化学试剂、高危废弃物、农作物化学试剂等
	经营与管理	污染防治、循环利用、管理机制、监管问题、相关排放
社会	社区	慈善捐赠、创新性捐赠、非本土捐赠、教育支持、住房改善支持、志愿者项目、投资纠纷、消极经济影响、纳税争端
	多样性	董事会、首席执行官、残疾人就业、同性恋政策、推动与女性或少数裔的合作、工作福利、纠纷、代表缺失等
	员工关系	健康与安全、退休福利、工会关系、分红、员工参与、劳动力流失等
	人权	员工权益，与当地人关系，尊重所在地主权、领土权、文化、人权及知识产权等
	产品	对低收入人群的福利、广泛认可、研发创新、反垄断、市场/协议纠纷、安全等
治理	报告	政治责任、透明度、结构性、津贴、财务、企业文化等
	结构性	津贴、所有权、财务等
争议性产业（CIS）评价标准	流产	生产商、拥有或经营急症监护设施、由涉及流产医药行业公司控股、持有涉及流产医药行业公司股份等
	成人娱乐业	发行商、拥有与经营、生产商、提供商、由涉及成人娱乐业公司控股、持有涉及成人娱乐业公司股份
	酒精类饮料	注册、生产商、酒精类饮料生产必备性产品制造商、销售商、由酒精类饮料公司控股、持有涉及酒精类饮料公司股份

续表

一级指标	二级指标	三级指标
争议性产业（CIS）评价标准	避孕类产品	注册、由避孕类产品公司控股、持有涉及避孕类产品公司股份
	小型枪械	生产商、由涉及枪械弹药制造公司控股、持有涉及枪械弹药制造公司股份等
	博彩业	注册、生产商、赌博场所、辅助性产品和服务、由涉及博彩业公司控股、持有涉及博彩业公司股份
	军工行业	武器和武器系统制造商、武器和武器系统组件制造商、由军工企业控股、持有军工企业股份
	核能核电	核电站所有权、核电站建设和设计公司、核燃料及重要部件提供方、核电服务提供方、由军工企业控股
	烟草业	注册、生产商、销售商、由烟草业公司控股、持有烟草业公司股份

资料来源：KLD。

在被 Risk Metrics 收购之前，KLD 公司形成了完善的指标体系，并以此开发了 13 只指数产品：美国市场 6 只，国际市场 7 只，其中不乏与标普、道琼斯等大型指数机构的合作产品，如表 3.2 所示。

表 3.2　KLD 指数产品概览

KLD 指数家族	名称	可持续投资相关策略选择	合作机构
美国市场	Domini 400 Social Index	负面筛选 + 正面筛选	S&P
	Catholic Values 400 Index	负面筛选 + 原则筛选	S&P
	Broad Market Social Index	负面筛选 + 正面筛选	Markit
	Large Cap Social Index	正面筛选 + ESG 整合	Markit
	Select Social Index	正面筛选	Dow Jones
	Dividend Achievers Social Index	负面筛选 + 正面筛选	Mergent
国际市场	Global Climate 100 Index	正面筛选 + ESG 整合	S&P
	Global Sustainability Index	正面筛选 + ESG 整合	S&P
	Global Sustainability Index EX – US	正面筛选 + ESG 整合	S&P
	Asia Pacific Sustainability Index	正面筛选 + ESG 整合	S&P
	Europe Asia Pacific Sustainability Index	正面筛选 + ESG 整合	S&P
	Europe Sustainability Index	正面筛选 + ESG 整合	S&P
	North America Sustainability	正面筛选 + ESG 整合	S&P

资料来源：KLD、社会价值投资联盟（CASVI）。

3.1.1.4　评价结果

KLD 指数产品所采用的策略变化是可持续投资发展的缩影，从早期社会责任投资的筛选策略向 ESG 整合策略（将传统财务因素与 ESG 因素相结合来全面评估投资标的的风险与机遇）和可持续性主题策略（直接投资与可持续发展主题相关的资产）延伸。根据公司在这些指标上的表现情况，KLD 设定了九个最终等级梯度（见图 3.3）。这一梯度设置后来为 MSCI 沿用并进行了改良。

| 落后者 | C–CC–CCC | B–BB–BBB | A–AA–AAA | 领导者 |

图 3.3　KLD 评级等级梯度

资料来源：KLD。

KLD ESG 评价体系主要有三点优势：一是完善的指标体系。该指标体系综合了与 CSR 有关的八个方面的内容，并且在各个一级指标下该评价方法均设有两种二级指标，即优势项和劣势项，这样就会警示企业必须更好地履行其社会责任。二是赋值方式的简易性。不同于其他复杂评价方法，KLD ESG 评价体系是通过简单的 0、1 打分的方式进行的。三是企业可以根据不同指标的得分进行判断。KLD ESG 评价体系对每个一级指标都会计算出相应的得分，企业可以根据结果找到自己的优势和不足，进而更好地履行社会责任。

KLD 的评价结合了企业对社会和环境状况的总体影响的认识，以及企业面临经济挑战的管理措施。因此，KLD 对公司的评级既包括如何应对行业内的 ESG 挑战，也包括如何对待所有利益相关者。但 KLD 的"影响企业行为进而促进可持续发展"理念底层逻辑与实践操作上的协调是困难的，KLD 公司始终没有从风险和机遇两大实质性角度出发考量企业的 ESG 表现（KLD 仅从优劣两个维度绝对化地评估），没有基于不同行业的 ESG 风险不同将风险与机遇相对地衡量，并且 KLD 数据库的治理维度似乎缺乏被视为关键维度的稳健评估。当然，KLD 的评价方法最终没有被 MSCI 保留并不意味着传奇落幕，它恰恰从侧面反映了可持续投资市场的成熟与分化，预示着将环境与社会因素与传统财务指标整合的 ESG 投资在主流金融机构的实践中不断完善。

3.1.2　MSCI ESG 评价体系

3.1.2.1　机构背景简介

摩根士丹利资本国际公司（Morgan Stanley Capital International，MSCI）是全球投资领域关键决策支持工具和服务的领先提供商，总部位于美国的纽约。2010 年 5 月 MSCI 收购了 Risk Metrics，成立了 MSCI ESG Research，并以 IVA 模型为蓝本搭建自己的评估体系，形成 MSCI ESG 评级。MSCI ESG 评级是衡量一家公司对社会责任投资（SRI）和环境、社会和治理（ESG）投资标准的长期承诺的综合指标，以期为公司和投资者的决策提供更优的见解，其评级侧重于公司在财务相关 ESG 风险暴露方面。2018 年 6 月，我国 A 股正式纳入 MSCI 新兴市场指数和 MSCI 全球指数。2019 年 3 月，MSCI 宣布将扩大中国 A 股在 MSCI 全球基准指数中的纳入因子，从 5% 增加至 20%，并分三个阶段落实。MSCI ESG 的评级对象为所有被纳入 MSCI 指数的上市公司，截至 2020 年 6 月，MSCI ESG 评级覆盖了全球大约 8500 家企业（包括子公司在内的 13500 个发行人）和超过 68 万只全球股票和固定收益证券。

3.1.2.2　评价原则及方法

MSCI ESG 评价考虑公司规模、公司所处行业、每月的交易额，该体系创建了一个用于评价和报告指标的框架。MSCI ESG 评价在于回答两个问题：在一个行业内的公司所产生的负面外部性中，哪些问题会在中长期内转化为公司无法预料的成本？（负面剔除）。哪些影响行业的 ESG 问题可能在中长期内转化为企业的机遇？（正面筛选）。MSCI 保持了对上市公司系统性、常态化的监测，包括每日对争议事件和公司治理事件的监测，新的信息资料反映在每周更新的报告中，重大的分数变化会引起分析师的审查和重新评级。

MSCI ESG 评价基本遵循"行业归类、个股基本面分析、相对排序、综合评分、编制指数"的逻辑展开。按照行业分类，MSCI 对每个上市公司进行独立评分。实践中，MSCI 会根据公司所在行业特性寻找主要风险点，并根据影响时间（短期、中期、长期）和重要性排序确定各风险系数权重，并逐渐细化出 2~3 级指标。在每一风险点上，均考察风险暴露和管理应对两部分、加总权衡得出各风险点细项评分，并根据权重得出综合评分，如图 3.4 所示。总体来看，MSCI 认为公司管理应对是判断潜在风险大小的主要因素，所有公司均需要进行多达 90 余项的全面细致的公司治理评估，公司治理细项评分对最终评估结果影响较大。

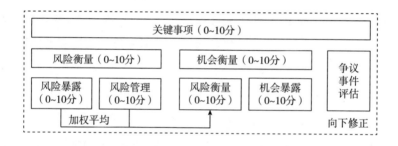

图 3.4　MSCI ESG 关键事项评分

资料来源：MSCI、社会价值投资联盟（CASVI）。

3.1.2.3　评价指标体系

MSCI ESG 评价的总体目标是评估一家公司所面临的相关性最高的 ESG 风险和机遇，以及其相应的管理能力，用以确认该公司业务的可持续增长能力。MSCI ESG 评级模型通过解决和回答四个关键问题来达到该目标：

第一，公司及其行业面临的最重要的 ESG 风险和机遇是什么？

第二，公司面临这些关键风险和机遇的暴露程度如何？

第三，公司管理关键风险和机遇的能力如何？

第四，就其相关风险和机遇的暴露程度和管理水平而言，公司与全球同行相比表现如何？

ESG 相关的风险和机遇会受到宏观趋势（如气候变化、资源稀缺、人口变化）以及公司运营性质的影响。同行业内的公司通常会面临相同的关键风险和机遇，但每个公司的风险暴露程度有所不同。当某一行业的公司很可能因某一风险而产生巨大经济损失时，则认为该风险与该行业的财务表现相关。MSCI 通过定量模型确定了每个行业的重大风险和机遇，并构建了一套指标框架，评级模型只关注与各行业财务表现相关性最高的议题。MSCI ESG 评价框架分为四个步骤：收集数据、风险暴露度量与公司治理度量、关键指标的评分与权重和 ESG 评价的最终结果。

MSCI ESG 评分的数据主要来源于学术界、政府和非政府组织数据库（如透明国际、世界银行）的细分领域或地理范围的宏观数据，以及公司披露信息（财务年报、可持续发展报告、股东大会公告等），包括超过1600 家媒体以及其他与特定公司有关的利益相关方资源。MSCI 虽然是从公开渠道获得公司的 ESG 数据，但仍然保持与公司的沟通，包括为公司建立可供访问并审查其 ESG 数据的渠道、在年度 ESG 评级更新前后给公司发送邮件通知等。MSCI 也欢迎相关公司在年度 ESG 评级审核过程中提出异议并提供真实的资料补充，以此进行合理的信息更新。MSCI 已于2019 年 11 月在官网公开 2800 余家企业 ESG 评级，同时设有正式的企业沟通渠道，企业可以积极与 MSCI 针对 ESG 评级结果进行沟通。

MSCI ESG 评价模型关注各行业的外部性平均水平和影响范围，如碳排放强度、用水强度和工伤率等。在每个行业内，具有非常规商业模式的公司可能会面临更少的 ESG 关键议题风险、更多的机遇。对于具有多样化商业模式或面临争议的公司，模型允许修改公司特定的 ESG 关键议题。一旦确定了行业的 ESG 关键议题后，它们会被分配到行业下的每个公司。MSCI ESG 评价在整个 ESG 评级研究体系基础上进行构建，评级体系关注每个公司在环境、社会和治理方面 10 项主题下的 37 项关键评价指标表现，包括环境方面的气候变化、自然资源、污染及浪费、环境机遇四项主题，社会方面的人力资源、产品责任、利益相关方否决权、社会机遇四项主题，以及治理方面的公司治理、商业行为两项主题，如表 3.3 所示。

表 3.3　MSCI ESG 评价指标

一级指标	二级指标	三级指标
环境	气候变化	碳排放、金融环境因素、产品碳足迹、气候变化脆弱性
	自然资源	水资源稀缺、生物多样性及土地使用、原材料采购
	污染和浪费	有毒物质排放及废弃物、电子废弃物、包装材料及废弃物
	环境机遇	清洁技术的机遇、绿色建筑的机遇、可再生能源的机遇
社会	人力资源	人力资源管理、人力资本开发、健康与安全、供应链员工标准
	产品责任	产品安全与质量、化学品安全、金融产品安全、隐私与数据安全、负责任投资、健康与人口风险
	利益相关方否决权	争议处理
	社会机遇	社会沟通的途径、获得医疗服务的途径、融资途径、营养与健康的机遇
治理	公司治理	董事会、薪酬福利、控制权、会计与审计
	商业行为	商业道德、反竞争举措、税务透明度、腐败与不稳定、金融体系不稳定性

资料来源：MSCI。

选定关键议题后，MSCI 通过设定权重确定每个关键议题对整体评级结果的影响。MSCI 采用的是全球行业分类标准（Global Industry Classification Standard，GICS），包括 11 大类、24 个行业组别、69 个行业及 158 个子行业（Sub - Industry），每项 ESG 关键议题权重范围被设定在 5% ~ 30%。权重高低的分配主要考察两个方面：一方面是该指标对子行业的影响程度，另一方面是可能受影响的时间长度。在不同类型的子行业中，MSCI 为每项关键议题分配了"高""中""低"的影响程度，以及"短期""中期""长期"的影响时间，如表 3.4 所示。在最新修订中，MSCI 决定从 2020 年 11 月开始，所有子行业的"公司治理"主题按照"高影响、长期"的标准、"商业行为"主题按照"中影响、中期"的标准分配权重。此外，治理范畴的总权重将降低至最小值 33%。这些指标的权重并不是恒定的，每年 11 月，MSCI ESG 研究团队都会对各个行业的指标项及权重进行一次审查，并做必要的调整。

表 3.4　MSCI ESG 关键议题权重影响

程度		预期风险/机遇产生实质性影响的时间长短	
		短期（<2 年）	长期（>5 年）
关键议题对环境或社会范畴评价的影响程度	影响较大	最高权重	
	影响较小		最低权重

资料来源：MSCI。

MSCI ESG 评级对 ESG 风险和机遇相关性因素进行了通盘评估，根据不同类型的指标，MSCI 也设置了不同的评分方式。对于风险项指标，MSCI 不仅衡量公司在该关键议题上的管理策略，同时评估其承受的风险程度。为了取得关键议题上的良好评分，公司需要采取与风险暴露相匹配的管理措施。MSCI 会对每家公司的风险指标进行风险暴露程度和风险管理能力的量化评估。鉴于某项关键指标对同一行业的不同公司来说，风险暴露程度通常不尽相同的情况，MSCI 把公司业务拆为核心产品、业务属性及性质、经营所在地、外包情况和对政府合作的依赖性等内容。最终，这些风险暴露程度被量化为 0~10 分的打分结果：0 分代表完全无风险，10 分代表公司面临非常高的风险。风险管理能力的量化评估也采用 0~10 分的打分方式：0 分代表公司并未显现出任何的管理能力，或者管理政策未显示出任何效果；10 分代表公司具有非常强的管理能力。在此基础上，近三年发生的争议事件（Controversies）会导致相应管理能力分数的扣减。

机遇项指标的机制与风险项指标类似。MSCI 会衡量该公司基于其地理位置及业务类别所面临的机遇大小，以及该公司是否具备能够准确抓住并合理运用该项机遇的能力。但最终的评分标准与风险项略有不同。当公司面临相同程度的机遇时，具备卓越管理能力的公司将指向更高的机会项得分，采用一般管理能力的公司指向一般的机会项得分，而采取较差管理能力的公司将导致公司较低的机会项得分。机会项的评价也同样采用 0 ~ 10 分的打分方法。

争议事件是指可能对公司 ESG 产生负面影响的单个案例或持续性事件，表明公司的风险管理能力存在结构性问题。MSCI 认为，争议事件预示着该公司在未来可能产生重大经营风险，理应对公司目前的风险管理能力得分进行扣减。MSCI 根据争议事件对环境或社会造成负面影响的严重程度进行评价，同时考察其影响大小及影响范围，并最终评价为"非常恶劣""恶劣""中度"或"轻微"四个等级，如表 3.5 所示。

表 3.5　MSCI ESG 争议事件评价

影响范围	影响性质			
	恶劣	严重	中等	轻微
极为广泛	非常恶劣	非常恶劣	恶劣	中度
广泛	非常恶劣	恶劣	中度	中度
有限	恶劣	中度	轻微	轻微
较小	中度	中度	轻微	轻微

资料来源：MSCI。

基于治理议题的重要性，MSCI 对参评公司都考察公司治理的情况，并赋予不同行业的公司在治理范畴的关键议题上相同的权重。MSCI ESG 采用了"10 分倒扣制"的方法来评估公司在公司治理（控制权、薪酬福利、董事会、会计与审计）和商业行为（商业道德、税务透明度）方面的情况，即通过评估公司在治理指标表现，进而从满分 10 分中减去相应的分数，最终得到该议题的得分。

3.1.2.4　评价结果

MSCI ESG 评价模型使用加权平均方法，从而避免了因行业不同而带来的结果偏差。由于 MSCI ESG 最终评级结果与所处行业有关，公司的最终 ESG 得分是由 37 项关键指标加权计算后，得到 10 个主题的评分，然后再通过加权评分得到最初的 ESG 得分，最后还要根据上述行业权重进行调整，并单独给出公司在治理（G）维度的分位数排名。也就是说，公司最终的 ESG 评级得分并不是一项绝对的分数，而是公司相对于同行业表现的相对成绩。最终，相较于公司与同行业在标准和表现，企业的评分等级从高到低分为 AAA、AA、A、BBB、BB、B、CCC 七个等级，如图3.5 所示。

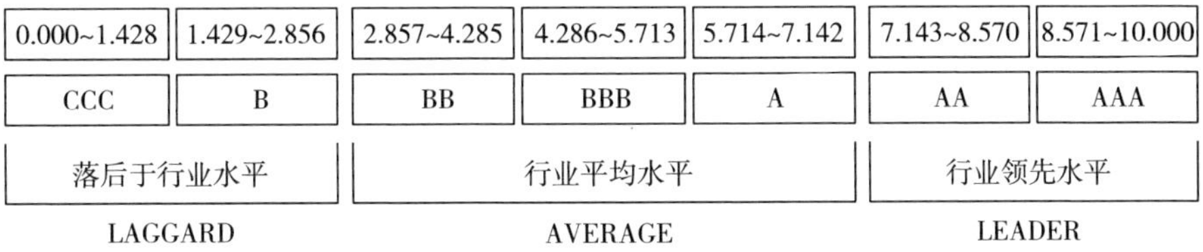

0.000~1.428	1.429~2.856	2.857~4.285	4.286~5.713	5.714~7.142	7.143~8.570	8.571~10.000
CCC	B	BB	BBB	A	AA	AAA
落后于行业水平		行业平均水平			行业领先水平	
LAGGARD		AVERAGE			LEADER	

图 3.5 MSCI ESG 评分等级划分

资料来源：MSCI。

根据 MSCI ESG 评级，"领导者"（行业领先水平，评级 AAA 或 AA）表示一家公司在管理最重大的 ESG 风险和机遇方面处于行业领先地位。"一般"（行业平均水平，评级 A、BBB 或 BB）表示公司在管理 ESG 风险和机会方面与行业同行相比有着混合的或不寻常的业绩记录；而"落后者"（落后于行业水平，B 或 CCC）表示评级的公司基于其高风险暴露和未能管理重大 ESG 风险而落后其行业水平。在发布对应 ESG 评级报告之前，参评公司会受邀参加正式的数据验证流程。在此期间，公司有机会审核并反馈他们 MSCI ESG 评级报告中涉及的事实，同时公司可以自愿提供额外 ESG 信息。该过程也是为了保证公司数据来自其最新公开可用信息。上市公司可随时要求对报告进行查看、信息更新或更正。

MSCI ESG 评级结果会因公司信息披露更新、风险事件分析等因素随时调整。2016 年以来，MSCI 的 ESG 部门曾在德国大众、富国银行、辉山乳业、互联网 Equifax 公司出现股价暴跌之前，提前调低证券 ESG 评级或将其证券剔除出 ESG 指数，对机构投资者起到了一定提醒作用。实现风险预警的很大部分原因源自 MSCI 对以上公司应对风险事件能力不足的科学判断。公司的最终评级得分在由以上各项评价指标得分加权计算后，还需根据公司所处行业进行调整。

以电动汽车生产商特斯拉公司（Tesla, Inc.）为例，其在 MSCI 评级的 39 家汽车行业公司中的整体评级为"A"，处于"平均"的较高水平。根据特斯拉的评级，特斯拉在公司治理和环境风险方面表现出色，保持了相对较小的碳排放，并利用和投资了绿色技术。该公司在产品质量和安全方面的得分为平均水平，过去该公司曾因电池爆炸、不受欢迎的碰撞测试评级以及涉及汽车自动驾驶"自动驾驶仪"功能的事故而成为头条新闻，不过该公司首席执行官埃隆·马斯克（Elon Musk）已公开宣布致力于提高驾驶员和旁观者的安全性。真正拖累特斯拉 MSCI ESG 评级的是其在劳动管理实践方面的得分低于平均水平。例如，特斯拉已经被发现通过阻止工会组织违反了劳动法，并多次违反了《国家劳动关系法》。该公司的领导层因在 COVID-19 流感大流行期间保持工厂开放和不安全而受到抨击，导致其几名工人染上了疾病。值得注意的是，在 MSCI 的 ESG 评级中，目前只有一家汽车行业的公司获得了"领导者"地位——法国汽车零部件制造商法雷奥（Valeo SA）。

MSCI 在全球及新兴市场编制 100 多只 ESG 指数，是较为全面的 ESG 评估体系。MSCI 核心业务是为机构投资者和资产经理提供普遍的评级与指数服务，它更关注在 ESG 评级与投资回报之间的实质（重要）性关系，这也导致了它对可持续性的理解限定在影响公司长期投资回报这一范畴，即可持续性是实质性的手段。MSCI 一直跟全球投资者保持年度沟通，关注新兴市场 ESG 的议题，扩大 ESG 研究覆盖的范围，加强有效性的测试。如在近年来 MSCI 在气候变化领域对产品研发的投入，在数据领域增加 AI 技术的应用，都展现了其在方法优化与数据质量改进道路上的不停探索。然而，MSCI 的官网上对于具体指数编制的信息并不是特别详细，ESG 数据库仍需要购买，仅能从外部了解指数大致的编制方法和过程，具体指标选取、指标结果处理、权重分配，仍然在"黑箱"中。虽然，MSCI 基于客观规则的 ESG 评分，并利用 AI 技术提取和验证非结构化数据，但从 MSCI ESG 编制过程来看，仍然具有较强的主观性因素。

3.1.3 Sustainalytics ESG 评价体系

3.1.3.1 机构背景简介

Sustainalytics 是晨星公司（Morningstar Company）旗下一家领先的独立 ESG 研究、评级和分析公司，支持全球投资者制定和实施负责任的投资策略，总部位于荷兰阿姆斯特丹。自 2016 年以来，Morningstar 与 Sustainalytics 合作，为全球投资者提供新的分析数据，包括行业内首个基于 Sustainalytics ESG 评级结果的基金可持续发展评级，全球可持续发展指数，以及包含碳指标和争议性产品数据在内的可持续投资组合分析。2017 年 Morningstar 入股 Sustainalytics 约 40% 的股份，之后在 2020 年 7 月 Morningstar 完成 Sustainalytics 的全面收购。25 年来，Sustainalytics 公司一直处于开发高质量、创新解决方案的前沿，以满足全球投资者不断变化的需求。如今，Sustainalytics 与数百家世界领先的资产管理公司和养老基金合作，将 ESG 和公司治理信息的评估纳入其投资流程。Sustainalytics 公司还与数百家公司及其金融中介机构合作，帮助它们在政策、实践和资本项目中考虑可持续发展。Sustainalytics 连续三年被气候债券倡议组织评为最大绿色债券核查机构，成为专家和投资者心目中最具权威及公信力的评级机构之一。

Sustainalytics 提供涵盖全球 40000 家公司的数据，以及针对 20000 家公司和 172 个国家及地区的评级。Sustainalytics 发布的证券级 ESG 风险评级是机构资产管理公司、养老基金以及其他金融市场参与者广泛使用的基准指标，ESG 因素在其投资和决策流程中发挥了重要作用。Sustainalytics 的 ESG 研究和评级体系得到全球投资者的信赖，也支持着诸多指数和可持续投资产品，其中包括晨星基金可持续性评级和晨星指数。Sustainalytics 在全球设有 16 个办事处，拥有 650 多名员工，其中包括 200 多名分析师，他们在 40 多个行业集团中拥有多元的专业背景。

3.1.3.2　评价原则及方法

Sustainalytics 主要对投资者提供单个公司的 ESG 评价，因此其 ESG 评分没有统一的框架体系，相对于评级机构而言，Sustainalytics 更像一个投研和咨询机构。针对每一家公司，Sustainalytics 不仅提供 ESG 评价，还建立受争议的问题评估系统。Sustainalytics ESG 实时识别和监控标的公司所涉及的与 ESG 相关的问题和事件，目前覆盖了超过 10000 家有争议的问题公司，视其严重程度争议问题被分为 1（最低）到 5（最高）类，同时还有一个展望评估用来评估情况是变得更糟还是有所好转。

Sustainalytics ESG 评价采用的方法是根据同类分组的关键指标找出每个分类中最具 ESG 效益的标的，然后根据每个公司相对于全球同行业同类公司的表现进行评估和 ESG 排名，方法是将基本数据和描述性数据汇总于一张表，通过近 200 人的专家团队进行打分，最终给予企业 ESG 的相应评分，被评分公司有申诉权利。因此评价结果不仅有得分，还有同类排名，而且三个维度（E、S、G）也都有相应的得分和排名。

3.1.3.3　评价指标体系

Sustainalytics 以 ESG 风险评级来取代全面性的 ESG 评级。ESG 风险评级衡量的是企业的经济价值在 ESG 因素的驱动下面临风险的程度，或者更严格地说，是企业未管理的 ESG 风险的程度。一家公司的 ESG 风险评级由定量评分和风险类别组成。定量评分代表非管理 ESG 风险单位，得分越低代表非管理风险越低。非管理风险是在一个开放式的量表上测量的，从零（无风险）开始。通过测量发现，95% 的案例的最高得分是低于 50 分的。根据定量评分，公司被分为五个风险类别之一（可忽略、低、中、高、严重）。这些风险类别是绝对的，意味着"高风险"评估反映了涵盖的所有子行业中未管理的 ESG 风险的可比程度。例如，银行可以直接与石油公司或任何其他类型的公司进行比较。

如果财务报告中某一问题可能影响理性投资者的决策，则该问题在 Sustainalytics ESG 风险评级中被视为重大问题。从投资的角度来看，一个问题要在 ESG 风险评级中被认为是相关的，则必须对公司的经济价值有潜在的实质性影响，即影响公司的财务风险和回报状况。ESG 风险评级的一个基本前提是，世界正在向一个更可持续的经济转型，因此，在同等条件下，有效管理 ESG 风险应与企业的长期价值相关联。从 ESG 评价的角度来看，即使有些问题造成的财务后果在今天还不能完全衡量，但也被认为是重要的。

Sustainalytics ESG 的记分指标主要由三个计分模块组成，即企业管理模块、实质性 ESG 议题模块及企业独特议题模块。三个模块中，实质性的 ESG 议题模块为核心和评分关键模块，涵盖了企业在环境、社会、治理三个层面中的各类综合指标。包括其他四大方面在内，Sustainalytics ESG 指标体系共包含 21 个问题及 70 个指标。但关键指标的数量及其权重在不同的同行群体（可比较的子行业）中有所不同，这取决于指标的重要性。ESG 指标是衡量企业对 ESG 问题管理的最小评估单位，它们提供了一种系统和一致的方法作为明确的评估标准，每个指标的得分从 0 分到 100 分。最后，Sustainalytics 根据各指标的权重计算 ESG 总分和维度得分。同时，Sustainalytics 将 ESG 指标分解为三个不同的维度：准备、披露和绩效，如表 3.6 所示。Sustainalytics 主要对投资者提供单个公司的 ESG，因此其 ESG 评分主要被资本市场独立第三方投资研究和基金评级机构引用。如晨星公司的可持续发展评级（Morningstar Sustainability Rating）就以 Sustainalytics 公司的单个公司 ESG 评分为基础，这也使 Sustainalytics 公司具有比较大的影响力。

表 3.6　Sustainalytics ESG 指标三个维度

维度	说明
准备	评估管理体系和政策，以帮助管理 ESG 风险
披露	公司报告是否符合国际最佳实践标准，在 ESG 问题上是否透明
绩效（定量和定性）	基于定量指标的 ESG 绩效，以及基于对公司可能涉及的争议事件的审查的评估

资料来源：Sustainalytics 官网。

Sustainalytics 公司同时对环境或社会有影响的有争议事件的程度进行评估。有争议事件可能表明公司的管理系统不足以管理相关的 ESG 风险。每一事件评估分为五类，从第 1 类（对环境和社会的影响小，对公司的风险可忽略不计）到第 5 类（对环境和社会的影响大，对公司的风险大）。每一个重要的 ESG 问题都有一个或多个事件与之相关。

3.1.3.4　评价结果

Sustainalytics 的评估体系从 ESG 风险角度出发，根据企业 ESG 表现进行风险评估。按照企业 ESG 风险得分划分为五个风险等级。其中，0 ～ 9.99 分为可忽略的风险水平（企业价值被认为具有由 ESG 因素驱动的重大财务影响的可忽略风险），10 ～ 19.99 分为低风险水平（企业价值被认为具有低风险的重大财务影响所驱动的 ESG 因素），20 ～ 29.99 分为中风险水平（企业价值被认为具有由 ESG 因素驱动的重大财务影响的中等风险），30 ～ 39.99 分为高风险水平（企业价值被认为具有由 ESG 因素驱动的重大财务影响的高风险），40 分及以上为严峻风险水平（企业价值被认为具有严重的风险，受到 ESG 因素的重大财务影响），如图 3.6 所示。Sustainalytics ESG 风险评级旨在帮助投资者识别和理解其投资组合公司的 ESG 风险，以及这些风险可能如何影响业绩。Sustainalytics 在一年内多次更新其 ESG 综合和维度得分。

Negl	Low	Med	High	Severe
可忽略的风险	低风险	中风险	高风险	严峻风险
0~9.99	10~19.99	20~29.99	30~39.99	40+

图 3.6　Sustainalytics ESG 的评估分数与风险等级

资料来源：Sustainalytics 官网。

Sustainalytics ESG 风险评级涵盖了逾 2 万家企业，包括大多数主要的全球指数，凭借其专业性，Sustainalytics 曾多次被评为最佳责任投资研究机构。Sustinalytics 会在正式发布企业 ESG 风险评级报告前联系企业，让企业在两周内审核拟发布的风险评级报告的准确性和完整性并进行补充或修改，以此从公司收集反馈和额外/更新的信息。若企业实际情况与报告有所偏差，企业可直接联系Sustainalytics的分析师进行反馈。此外，Sustainalytics设有专门的"发行人关系团队"，协助分析师管理与发行人的沟通，分析师会进一步对企业补充提供的信息进行审查与整合，并对分数进行相应调整。

Sustainalytics ESG风险评级以透明的方法为基础，使投资者能够以连贯一致的方法评估财务上重大的环境、社会和治理（ESG）数据和问题，这些数据和问题在安全和投资组合层面上影响其投资的长期绩效。而且，Sustainalytics的评分主要为投资者所使用，因此企业应当积极与投资者就Sustainalytics评分事宜保持沟通。这有助于企业关注自身评分并及时回顾与梳理自身ESG管理与信息披露的薄弱项，同时企业如发现存在尚未被Sustainalytics正确抓取的信息，应及时积极与该组织进行沟通，从而降低ESG风险等级评估。虽然作为其数据集的一部分，Sustainalytics提供了指标权重数据，但关于Sustainalytics如何确定权重，却没有公开的信息。

3.1.4 汤森路透ESG评价体系

3.1.4.1 机构背景简介

汤森路透公司（Thomson Reuters Corporation）是一家商务和专业智能信息提供商，由加拿大汤姆森公司（The Thomson Corporation）于2008年4月17日并购英国路透集团（Reuters Group PLC）而成立。汤森路透ESG评价是基于ASSET4评价体系。ASSET4公司成立于2003年，总部位于瑞士苏黎世。该公司提供有关公司绩效的经济、环境、社会和治理方面的投资研究信息，其数据库包含上市公司、国家、地方当局、国有公司和超国家实体的ESG信息，采用基于Web的体系结构。2009年汤森路透收购ASSET4，并发布ESG年度得分。汤森路透ESG评分是原有ASSET4评级的改进和替代，评价过程体现了公司规模和透明度最小的偏差，是公司ESG绩效评估的有力指标之一。汤森路透公司拥有超过150名接受过ESG

数据收集培训的内容研究分析师，凭借当地语言专业知识并在全球不同地点开展业务。因此，汤森路透 ESG 能处理大量公开可用的信息来源，旨在提供最新、客观和全面的报道。汤森路透 ESG 评级机构作为业内最全面的 ESG 评价体系之一，涵盖的数据范围包括全球范围内超过 7000 家上市公司，包括 400 多个不同的 ESG 指标。

3.1.4.2　评价原则及方法

汤森路透 ESG 评价体系采用分位数排名打分法来对上市公司的 10 项 ESG 评价大类及争议项事件进行打分。即按照同一行业内该项指标得分比这家公司差的公司数量加上得分与之相同的公司数量的 0.5 倍之和，除以同一行业内该项指标具有有效得分的公司总数量的计算结果，来得到该家公司该项指标的分位数得分，如式（3.1）所示。这一打分使分数相对平滑且弱化了单项指标在得分上的差异性。分位数排名打分法主要关注以下三个问题：同行业中有多少家公司表现比这家公司差？有多少家公司与这家具有相同表现？同行业中总计多少家公司有所表现？

$$分数 = \frac{得分差于标的公司的公司数量 + 得分与标的公司相同的公司数量/2}{得分有效的公司数量}$$

$$(3.1)$$

汤森路透将上市公司的 ESG 打分标准分成 3 个大类和 10 个主题，衡量公司在这之上的绩效、承诺和有效性，并从中挑选出 178 项关键指标进行打分，然后以一定权重将其加总为该企业 ESG 得分。之后，汤森路透还会根据 23 项 ESG 争议性话题对企业进一步评分，并对第一步中的 ESG 得分进行调整，从而计算出该企业最终的 ESG 得分。

3.1.4.3　评价指标体系

汤森路透评分体系为了公平且客观地衡量全球范围内各家公司的相对 ESG 表现及承诺的有效性，根据公开资料及数据对公司进行 10 项大类指标评测，主要包括环境类的资源利用、低碳排放、创新性三项，社会类的雇佣职工、人权问题、社区关系、产品责任四项，以及公司治理类的管理能力、股东/所有权及 CSR 策略三项十大类共包含 178 项指标，其中环境类合计 61 项，社会类合计 63 项，治理类合计 54 项，如表 3.7 所示。

表 3.7　汤森路透 ESG 评价指标

一级指标	二级指标	三级指标
环境	资源利用	公司在减少材料、能源或水资源使用方面的能力等
	低碳减排	公司在生产运营过程中降低环境排放物等
	创新性	公司降低环境成本和负担的能力等
社会	雇佣员工	员工对工作的满意性、能否保持多样性与机会平等性、能否为员工创造有效的发展机会等
	人权问题	公司在尊重基本人权公约方面的有效性等
	社区关系	公司是否致力于成为一个好公民等
	产品责任	公司生产优质产品及提供服务方面的能力等
治理	管理能力	公司是否较好地实践了公司治理原则等
	股东/所有权	公司在平等对待股东和反对收购股权方面的有效性等
	CSR 策略	公司能否将经济、社会、环境三项指标要求整合到其日常决策过程中等

资料来源：汤森路透。

汤森路透 ESG 综合性评分包括两个部分，即汤森路透 ESG 评分和 ESG 争议评分，将汤森路透 ESG 评分与 ESG 争议评分相加，对公司的可持续性影响和行为进行综合评估，如图 3.7 所示。

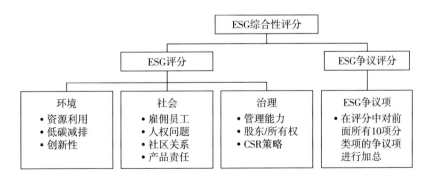

图 3.7　汤森路透 ESG 的评分体系

资料来源：汤森路透、长江证券研究所。

汤森路透 ESG 评价数据来源于企业的公开信息，包括公司年报、企业社会责任报告、网站披露、媒体报道等，以及自 2002 年以来的时间序列公司数据，包括 400 多个 ESG 相关指标。分析师为汤森路透 ESG 领域的每个公司手工处理 400 多项 ESG 指标，每项指标都经过仔细的流程，以标准化信息，并确保其在整个公司范围内具有可比性。汤森路透数据库持续更新，每 2 周更新一次产品数据，包括将一个全新的公司添加到数据库或更新争议事件案例，然后重新计算 ESG 分数。

汤森路透 ESG 数据体系具有以下特征：①定制化的分析、得分及排名，以满足特殊的 ESG 要求；②400 项以上的 ESG 的标准化数据点和 70 项以上的 ESG 分析；③筛选工具能帮助有效地降低风险和获取超额收益；④投资组合分析和风险监测工具；⑤理想的生成工具，用于进行 ESG 筛选，并深入对公司各项指标的衡量；⑥实时的 ESG 信号，用于投资组合的构建和实时的公司监测；⑦使用的公司碳排放数据和测量模型既拥有自身专利，又具有一定透明度，在公司自身报告并不披露具体碳排放数据时可提供一个对于 CO_2 的估计值；⑧碳排放监测和报告以满足监管要求以及绿色债券；⑨包括 ESG、多样性和包容性等的相关指数。

表 3.8 列示了汤森路透 ESG 评价指标的打分标准及权重，更新后的权重仍然按照指标数量占比计算得到，环境、社会、治理三大类分数分别由下属各细分项得分加权得到。其中，每个类别包含不同数量的度量。每个类别的测量数量决定了该类别的权重。

表 3.8　汤森路透 ESG 打分标准和权重

打分类别	打分项目	指标数量（项）	打分权重（%）
环境	资源利用	20	11
	低碳减排	22	12
	创新性	19	11
社会	雇佣员工	29	16
	人权问题	8	4.5
	社区关系	14	8
	产品责任	12	7

续表

打分类别	打分项目	指标数量（项）	打分权重（%）
治理	管理能力	34	19
	股东/所有权	12	7
	CSR 策略	8	4.5

资料来源：汤森路透。

　　ESG 争议评分基于 ESG 支柱中报告的信息以及从全球媒体捕获的 ESG 争议相叠加，对公司的 ESG 绩效进行了全面的评估。该分数是为了降低基于负面媒体报道的 ESG 绩效分数，因为它增加了重大、实质性 ESG 争议在整体 ESG 争议分数中的影响，最新的争议案例反映在最近的完整周期中。

　　ESG 争议项包括对于企业社区关系、人权、管理、产品责任、资源利用、股东、劳动力七个方面 23 项指标的评价综合，主要根据近期媒体公开资料及报道内容中涉及的各项指标对公司争议项进行打分，除去管理一项外，其他所有项目的指标打分都是定量化的。如果是近期发生的争议项，即使最近一期的会计期间已经完结，也需要计入最近一期的争议项分数中。汤森路透 ESG 争议性评价具体内容如表 3.9 所示。

表 3.9　汤森路透 ESG 争议性评价内容

类别	分项	具体内容
企业社区关系	反竞争争议事项	在媒体上曝光的关于反竞争行为（如反垄断和垄断）、价格变动或收回扣有关的争议事项数量
	商业道德争议事项	在媒体上曝光的关于商业道德、政治献金、贿赂和腐败的争议事项数量
	知识产权争议事项	在媒体上曝光的关于专利和知识产权侵权的争议事项数量
	被批判国家争议事项	在媒体上曝光的关于不尊重基本人权原则、违背民主道义的争议事项数量
	公共健康争议事项	在媒体上曝光的关于公共卫生或工业事故的争议事项数量，以及与第三方（非雇员和非客户）健康安全有关的争议事项数量
	税务欺诈争议事项	在媒体上曝光的关于税务欺诈或洗钱的争议事项数量

类别	分项	具体内容
人权	童工争议事项	在媒体上曝光的关于使用童工问题的争议事项数量
	人权争议事项	在媒体上曝光的关于人权问题的争议事项数量
管理	补偿争议事项	在媒体上曝光的关于董事会、经理补偿的争议事项数量
产品责任	客户争议事项	在媒体上曝光的关于消费者投诉及与公司产品和服务相关的争议事项数量
	客户健康安全争议事项	在媒体上曝光的关于客户健康和安全的争议事项数量
	隐私争议事项	在媒体上曝光的关于员工或客户隐私和诚信问题的争议事项数量
	产品可得性争议事项	在媒体上曝光的与产品可得性有关的争议事项数量
	销售责任争议事项	在媒体上曝光的与公司营销行为有关，比如向具有某类不适用属性的消费者过度推销不健康食品的争议事项数量
	研发责任争议事项	在媒体上曝光的与研发责任有关的争议事项数量
资源利用	环境争议事项	在媒体上曝光的该公司对自然资源及对所在地环境造成的影响有关的争议事项数量
股东	审计争议事项	在媒体上曝光的与激进或不透明的会计原则有关的争议事项数量
	内部交易争议事项	在媒体上曝光的与内幕交易和其他股价操纵有关的争议事项数量
	股东权利争议事项	在媒体上曝光的与股东侵权有关的争议事项数量
劳动力	发展空间及机会争议事项	在媒体上曝光的与劳动力发展空间及机会（如涨工资、晋升、受到歧视与骚扰）有关的争议事项数量
	雇员健康安全争议事项	在媒体上曝光的与劳动力健康和安全有关的争议事项数量
	薪水和工作条件争议事项	在媒体上曝光的与公司和员工间的关系或工资纠纷有关的争议事项数量
	重要管理人员离职	重要的执行管理团队成员或关键团队成员宣布自愿离职（除退休外）

资料来源：汤森路透。

3.1.4.4 评价结果

汤森路透 ESG 综合评分并不仅是 ESG 评分和争议项评分两项的简单

相加。当 ESG 争议项评分大于 50 分时，ESG 综合评分将直接等于 ESG 评分；当 ESG 争议项评分小于 50 分且大于 ESG 评分时，ESG 综合评分仍等于 ESG 评分；只有当 ESG 争议项评分小于 50 分且小于 ESG 评分时，ESG 综合评分才等于两项的等权平均值。这样可以确保 ESG 争议项评分被计算在内，且得到更为充分的考量与体现。

汤森路透 ESG 评价将根据每家公司各项指标的最终 ESG 分位数得分判定其 ESG 评级结果，如表 3.10 所示。

表 3.10　汤森路透 ESG 评级结果

ESG 分位数得分区间	ESG 评级判定
0 < = score < = 0.083333	D −
0.083333 < score < = 0.166666	D
0.166666 < score < = 0.250000	D +
0.250000 < score < = 0.333333	C −
0.333333 < score < = 0.416666	C
0.416666 < score < = 0.500000	C +
0.500000 < score < = 0.583333	B −
0.583333 < score < = 0.666666	B
0.666666 < score < = 0.750000	B +
0.750000 < score < = 0.833333	A −
0.833333 < score < = 0.916666	A
0.916666 < score < = 1	A +

资料来源：汤森路透。

汤森路透 ESG 评价体系可以帮助将 ESG 因素整合到投资组合分析、股票研究、筛选或定量分析中，有效满足投资委托，并在投资组合中识别相关风险。汤森路透 ESG 设定了较为严格的评判标准，且给出具体计算公式，有利于将定性化指标评价结果定量化进行转换。与其他 ESG 数据库相比，汤森路透在研究方面具有很大的优势，其所有数据点、每个数据点的问题以及度量标准都是公开和透明的，这使学者能够获得更透明和更深入的见解。但汤森路透 ESG 所公布的 ESG 指数处理较为详细，但是其基于 ESG 数据库的需要购买，背后数据处理较为复杂，难以复现，使

ESG 评分和评级体现仍然是较为不透明的。与 MSCI 一样，虽然汤森路透目前已经能够提供全面完善的 ESG 投资产品体系，缺点可能并不明显，其最大的问题是从编制过程来看仍具有较强的主观性因素。

3.1.5 富时罗素 ESG 评价体系

3.1.5.1 机构背景简介

富时罗素 ESG 评级由全球知名指数与数据提供商富时罗素（FTSE Russell）设立，富时罗素成立于 2015 年，为伦敦证券交易所集团的全资子公司，拥有员工 200 余人。伦敦证券交易所将其 2014 年收购的美国著名指数公司弗兰克罗素（Frank Russell）与自身的国际指数业务富时（FTSE International Business）相整合，并推出了"富时罗素"新品牌。富时罗素通过一系列准确可靠的指数产品为全球投资者提供用以衡量其资产类别、风格和策略的工具，当前拥有 139 个指数系列产品，已成为全球三大指数提供商之一。通过对指数业务的补充升级，伦敦证券交易所进一步提升了其在资本市场的竞争力。

富时罗素是联合国责任投资原则组织（UN PRI）的创始签署成员，在可持续发展投资产品开发领域有超过 20 年的经验，可以满足投资者将可持续发展投资纳入其投资组合的各类需求。富时罗素的可持续发展投资数据模型提供一系列的衡量指标，包括 ESG 评级、绿色收入、衡量气候风险，以及支持与联合国的可持续发展目标（UN SDGs）一致的投资标准等。富时罗素在 ESG 评价领域拥有 20 年的经验，提供覆盖全球数千家公司的数据分析、评价和指数。富时罗素的 ESG 评级和数据模型详细、结构化且高度透明，向市场参与者和上市公司展示了清晰的标准，以支持投资人履行尽到管理责任及在全球范围内将 ESG 融合进其主动和指数化投资策略。

2019 年 12 月 24 日，富时罗素宣布，将进一步扩大其在亚太地区的可持续发展投资分析。在富时罗素的 ESG 评价和数据模型中，增加对中国 A 股的覆盖范围，扩展至目前约 800 只 A 股。此举使富时罗素的 ESG 对中国上市公司证券的覆盖范围提升到 1800 只。作为 2018 年富时股票国家分类审核结果的一部分，A 股作为次级新兴市场，从 2019 年 6 月开始逐步被纳入富时全球股票指数系列（FTSE GEIS），纳入的第一阶段于 2020 年 3 月完成。2020 年 5 月，富时罗素与万得（Wind）达成合作，在 Wind 金融终端中首家展示富时罗素 ESG 评级数据，共同推进 ESG 投资在我国资本市场中的发展。

3.1.5.2　评价原则及方法

富时罗素整合了不同国际标准的指标后建立了名为"暴露"的 ESG 评价框架，数据来源于公司公开提供的文件收集信息，公司的风险暴露与基于规则的方法相互参照，可根据产业与地理现状判断指标对不同企业类型的适用性。根据富时罗素 ESG 评级结果，富时罗素衍生富时社会责任指数系列，成为首个度量全球公认企业责任标准的公司表现指数系列。目前，FTSE 的可持续投资系列指数包含九类指数产品。其中，最为国内上市公司所熟知的是 FTSE ESG 指数系列与 FTSE4Good 指数系列。

富时罗素 ESG 采取两个数据模型来帮助资产管理者对 ESG 风险进行评价。即除了富时罗素 ESG 评价体系之外，还通过 FTSE 低碳经济数据模型对公司从绿色产品中产生的收入进行界定与评测。不同于其他的 ESG 评价体系，富时罗素对于公司绿色收入的界定和计算可以作为对公司 ESG 评价打分结果的补充性判断，或者是同时作为 ESG 评价中对 E（环境）部分的主要打分依据之一，权重则根据各个指标重要性进行分配。

3.1.5.3　评价指标体系

富时罗素 ESG 评级通过在线数据模型获取，评价主体包括全球 47 个发达市场和新兴市场约 7200 只证券，评价范围覆盖全球数千家公司，以及富时环球指数（FTSE All – World Index）、富时全股票指数（FTSE All – Share Index）和罗素 1000® 指数（Russell 1000® Index）的成分股企业。富时罗素 ESG 通过数据模型轻松提取多个维度的 ESG 数据，以便以多种方式对其进行评估和应用，其拥有单独的风险暴露衡量标准允许用户确定哪些 ESG 问题与给定公司相关。富时罗素 ESG 与联合国可持续发展目标保持一致，ESG 框架下的 14 个主题中都反映了 17 个可持续发展目标。富时罗素 ESG 评级基于公开数据,通过为评估和评级公司制定非常明确的规则,并且由投资界、企业、非政府组织、工会和学术界的专家组成一个外部委员会监督,最大限度地减少主观性。

富时罗素 ESG 评级和数据模型使投资者能够从多个维度了解公司对 ESG 问题的暴露和管理。ESG 评级由总体评级组成,该评级细分为基础支柱和主题风险暴露的评分。具体的评级框架由环境、社会、治理三大核心内容,相应的 14 项主题评价及 300 多项独立的考察指标构成,包括气候变化的影响、污染的控制、水资源的安全、促进创新、消费者责任、保障员工的健康与安全、反对内部腐败等。14 个主题评价中,每个主题包含 10~35 个指标,每家企业平均应用 125 个指标。不同行业的企业,指标的权重会有所不同,这样可以更好地突出不同行业的企业所面临的不同风险点,使评估适用于每个公司的独特情况。富时罗素 ESG 评价指标如表 3.11 所示。

表 3.11　富时罗素 ESG 评价指标

一级指标	二级指标	三级指标
环境	生物多样性	每个主题下包含 10~35 个指标,总共超过 300 个指标,每个企业平均可适用 125 个指标
	气候变化	
	污染和资源	
	供应链	
	水资源使用	
社会	客户责任心	
	健康与安全	
	人权与团队建设	
	劳动标准	
	供应链	
治理	反腐败	
	企业管理	
	风险管理	
	纳税透明度	

资料来源:富时罗素。

富时罗素 ESG 评级数据来源于企业公开资料，包括公司季报，企业社会责任报告，强制性会计披露，监管文件，证券交易所、非政府组织和媒体提供的资料等。富时同时与每家企业单独联系，以检查是否已找到所有相关的公开信息。

根据富时罗素 ESG 评分结果，企业将被 FTSE ESG 或 FTSE4Good 指数系列纳入或剔除。其中，FTSE ESG 指数系列将 ESG 评分转化为 ESG 指数权重，经各行业权重调整后形成指数；FTSE4Good 指数系列要求发达国家及地区的公司要求必须取得 3.1 分及以上（满分 5 分）可被纳入，新兴市场公司要求在 2.5 分及以上可被纳入。据富时罗素研究，2019 年被纳入 FTSE ESG、FTSE4Good 系列指数的企业相较于富时罗素基准指数的企业有更高的回报率。

3.1.5.4　评价结果

富时罗素 ESG 的评估基于适用于分析每家公司具体情况的 300 多个独立评估指标，每个指标有 0 分至 5 分共 6 个等级。最终，每家符合条件的公司会获得一个分值在 0 ~ 5 分的 ESG 整体评级，其中 5 分为最高评分。数字化的评级能够支持更细粒度地在公司之间进行比较并更易于将 ESG 评级量化应用于投资策略中。以 FTSE4Good 指数系列为例，发达市场或新兴市场的公司需要分别达到一定的 ESG 评级分数，方可入选 FTSE4Good 指数系列。

在当前新兴市场富时社会责任指数（FTSE4 Good Emerging Index）共有 38 家中国大陆企业，其中中国建设银行、平安保险、中国移动位于该指数前 10 企业；在当前新兴市场富时 ESG 指数（FTSE Emerging ESG Index）共有 224 家中国大陆企业，其中腾讯、阿里巴巴、美团点评、中国建设银行、平安保险、中国工商银行、好未来教育集团属于位于该指数前 10 位的企业。

富时罗素 ESG 评级和数据模型为需要灵活、数据驱动的解决方案为投资者提供分析的工具，其评级结果协助投资者管理 ESG 方面的风险、满足强制性管理要求，并将 ESG 数据整合到证券和投资组合分析中，为投资者实施具有 ESG 意识的投资策略做参考。而且，富时罗素 ESG 评级数据模型是为用户定制而设计的，数据能够被"切片和切块"，以满足每个用户的需求。评级方法采用曝光加权平均法计算，这意味着在决定一家公司的得分时，ESG 最重要的问题得到了最大的权重。ESG 评级和数据模型为评估和评级公司明确定义了规则，输出是一种定量的数据工具，而不是定性的公司研究报告。但构建 ESG 指数需要有强力的 ESG 评分数据库和系统支撑，而富时罗素公司缺乏强大的数据集合能力，不能满足对市场上发生的新闻、事件进行大量及时的处理，以及难以适应以周度或者月度的频率去更新数据库和 ESG 评分体系，数据维护也缺乏大量的人力物力。

3.1.6 标普道琼斯 ESG 评价体系

3.1.6.1 机构背景简介

自 1999 年推出道琼斯可持续发展指数（Dow Jones Sustainability Index，DJSI）以来，标普道琼斯指数（S&P Dow Jones Index）一直是环境、社会和治理（ESG）指数的先驱，其拥有逾 150 个重要 ESG 基准，建立了可持续投资格局。标普道琼斯指数在过去 20 年发生巨大变化，从专注于社会责任投资（SRI）活动产生的行业项目除外，到基于公司 ESG 表现重新权衡的广泛市场所有权精选方案，最终形成与 RobecoSAM 联合发布环境、社会及治理指数（ESG）评分（称为"标普道琼斯指数 ESG 评分"）的新局面。标普道琼斯 ESG 评分是由标普道琼斯的合作伙伴 RobecoSAM 通过旗下 SAM 品牌，凭借累积 20 多年可持续投资经验全新开发及严格生成的 ESG 数据集，可以有效衡量公司具有重大财务意义的 ESG 因素。标普道琼斯 ESG 指数的发展历史如图 3.8 所示。

3.1.6.2 评价原则及方法

标普道琼斯指数 ESG 评分根据公司长期经济效益、社会责任和环境资产管理计划来对公司进行评估和选择。评价标准通常逐年进行改进，一般会使用一组有明确定义的标准来评估其要衡量的公司的 ESG 绩效值。标普道琼斯指数 ESG 评分基于 SAM，通过企业可持续发展评估（Corporate

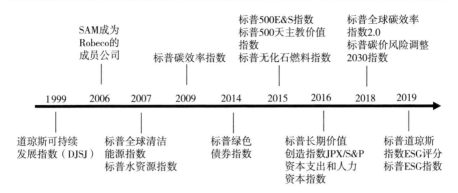

图 3.8　标普道琼斯 ESG 指数发展历史

资料来源：标普道琼斯指数有限责任公司。

Sustainability Assessment，CSA[①]）收集的数据发布 ESG 评分。CSA 自身作为企业的权威指南和评级系统，已成为业界领导标准，可量化企业在可持续发展议题上的进展以及与同行相比的 ESG 表现。

标普道琼斯指数 ESG 评分采用的评分方法基于财务重要性原则，即根据最可能出现并对所在行业的公司产生最大影响的可持续发展问题对公司进行评估。通过长期收集精细化数据而积累的投资经验，SAM 能够识别出与源自 GICS 的 61 个不同行业相关的独特财务重要因素。根据这些因素收集数据并进行评分，可确保根据与其最相关的可持续发展因素评估标普指数的成分公司。最后，按行业根据相关因素对其进行加权，以完成评估。相关性根据相关的财务重要性因素出现的可能性以及出现后的影响程度厘定。

3.1.6.3　评价指标体系

标普道琼斯指数 ESG 评分是对标普全球 ESG 评分的评分方法进一步改进的结果，该评分源自标普全球的年度企业可持续发展评估（CSA），这是一个自下而上的研究过程，通过将公司 ESG 基础数据汇总进行评分。这些分数包含一个财政年度的公司级 ESG 总分，包括个人环境（E）、社会（S）和治理（G）维度分数，在这些维度分数之下，平均有 20 多个行

---

① CSA 建立了世界上最全面的财务物质可持续性信息数据库之一，并作为标准道琼斯指数 ESG 评分的基础。

业特定的标准分数可以用作特定的 ESG 评分。标普道琼斯指数 ESG 评分重点关注财务重要性，可以有力地衡量企业的 ESG 风险和绩效因素，这也是标准普尔全球 ESG 研究公司（S&P Global ESG Research）计算的第二套 ESG 评价体系。

标普道琼斯指数 ESG 评价框架中数据与资料除从公开披露收集资料外，还让各公司直接参与 SAM 的年度可持续发展评估（CSA）。与公开报告相比，CSA 能够通过目标公司的参与更细致地捕获更广泛的可持续发展主题，从而对公司 ESG 表现进行稳健及全面评估。SAM 每年 3 月根据规模、地区和国家向评估公司发出 CSA 请求。CSA 使用源自 GICS 的 61 个行业来分析公司数据，通过使用针对特定行业的问卷调查表来评估一系列与财务相关的可持续发展标准。标普道琼斯指数 ESG 评分针对 61 个行业中的每个行业都有单独的问卷，包括一般问题和行业特定问题。这可以比较不同行业的 ESG 性能，同时也考虑到不同行业 ESG 标准重要性的显著差异。61 份问卷包含多达 120 个问题，每个问题通常包含几个元素。在所有的调查问卷中，受访者需要提供多达 1000 个不同的公司数据点，然后标普全球 ESG 研究公司使用这些数据点，根据每个具体的 ESG 主题，使用基于证据的绩效评估对每家公司的表现进行打分。然后，根据每个行业问卷的权重方法，使用这些问题得分来确定一个标准级得分。CSA 的调查问卷由企业直接完成，或者由标普道琼斯指数 ESG 研究团队的分析师根据公开的公司披露信息代表非参与企业完成。CSA 方法还包括标普道琼斯指数 ESG 研究的媒体和利益相关者分析（Media and Stakeholder Analysis，MSA），该分析持续监测企业的任何特定的 ESG 争议。MSA 有可能对一个或几个标准的评分产生负面影响，导致评分的调整。

标普道琼斯指数 ESG 研究的分析师有责任验证和证实公司对问题的回答，以保证 ESG 数据的质量。当分析师给出一个问题的评分，他们会注明进行评分的理由，这些理由记录在标普全球的数据库中。然后，另一名分析师审查这一数据，并将任何不反映公司提供的证据的评分上报至评级主管，以作进一步检查。对使用公开披露数据进行分析的公司采用了同样的方法。此外，标普道琼斯指数 ESG 研究高级分析师和 ESG 评级主管将通过识别异常值作为保证质量过程的一部分。而且，标普道琼斯指数 ESG 评价流程包括每年都由第三方咨询公司进行审计的环节，以进一步检查 ESG 数据的质量。

标普道琼斯指数 ESG 评分目前适用于 4700 家上市公司（约占全球市值的 90%）。除环境、社会及治理三个相关领域评分外，标普道琼斯指数 ESG 数据亦提供总评分，另可查阅每家公司最多 27 个特定行业标准。投资者可使用各层面的公司 ESG 数据并获得有意义的信号，以及充分公开及灵活地掌握该标准以运用于自己的投资流程。以上所有各项均基于 80~120 项问题层面评分的稳健基础以及所评估每家公司的额外 600~1000 个精细数据点。标普道琼斯 ESG 评价体系如表 3.12 所示，根据特定国家和地区指数的 ESG 概况，标普道琼斯 ESG 为投资者提供相应的投资参考。该评分由 SAM 基于年度企业可持续性评估（CSA）的结果计算。

表 3.12　标普道琼斯 ESG 评价指标

一级指标	二级指标	三级指标
环境	温室气体	
	浪费	
	水	
	土地利用	
社会	劳动力和多样性	三级指标数据暂无
	安全管理	
	客户参与度	
	社区	
治理	结构与监督	
	准则和价值	
	报告透明度	
	网络风险与系统	

资料来源：标普道琼斯指数有限责任公司。

在每个行业中，每个指标在最终 ESG 评分计算中的权重各不相同，该评分由多项指标的加权总和计算得出。指标权重由 SAM CSA 确定，SAM 每年将根据每个主题对特定行业的财务重要性进行 CSA 核查。调查问卷的每个问题分属于相应的指标，具有一定权重，而问题的不同答案选项分别被赋予不同的分值。同时，标普道琼斯指数 ESG 评价考虑了所有相关的 ESG 问题，并在特定行业中对最重要的领域给予更高的权重。一个公司的 ESG 总分就是将每个问题的得分乘以问题权重和问题所属指标的权重，然后汇总而得。每个独立的 ESG 分类指标是特定 ESG 维度中所有标准得分和权重的加权平均值，ESG 总分从 0～100 分不等，100 分代表最佳表现。

3.1.6.4 评价结果

2013 年开始，标普道琼斯指数 ESG 评价为参与企业可持续发展评估（CSA）的公司以及标普全球 ESG 分析的企业提供 ESG 分数。标普道琼斯指数 ESG 评分在 2020 方法年度的覆盖范围约为 11556 家公司：1436 家公司直接回应了 CSA 问卷，另外 10120 家公司由标准普尔全球通过公司公开披露信息进行了分析。从 CSA 问卷调研方式来看，公司参与率已从 1999 年的 280 家初始受访者稳步上升到 2020 年的 1436 家。

由于给定问题的分数分散，标普道琼斯指数 ESG 评分中 CSA 的一些问题比其他问题更难计算得分。当一些问题的得分分组比较紧密，而另一些问题的得分差距很大时，最终的评分结果会出现偏差。因此，标普道琼斯指数 ESG 评分在问题评分及行业层面进行标准化处理，确保公司的 ESG 评分具有可比较性。标普道琼斯指数 ESG 总评分是标准化指标的加权总和，在不同层级（标准层级、维度层级和 ESG 层级）上进行汇总，每家公司在其行业获分配的每个标准都将获得一个评分，并获得三个维度级别评分（环境评分、社会评分和治理评分）和一个 ESG 总分。总和中使用的权重取决于公司所属的行业和汇总层级，如图 3.9 所示。

标普道琼斯指数 ESG 分数每年更新一次，每个公司、每个方法年度发布一次数据。但由于媒体和利益相关者分析（MSA）可能造成对公司分

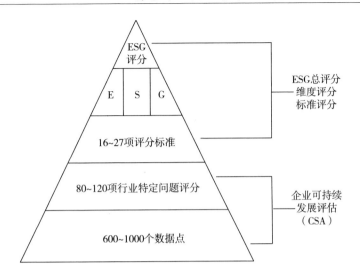

图 3.9　标普道琼斯 ESG 评分汇总

资料来源：SAM。

数进行更新的情况除外。标普全球有一个季度 MSA 审查周期，之后会更新分数。如果标普全球 ESG 研究分析师认为合适，重大 MSA 案例可以在全年任何时间提出。

　　虽然许多 ESG 数据集仅依赖公司报告，并因此给予披露 ESG 问题的公司奖励，而不论该公司能否有效管理此类问题。但标普道琼斯指数 ESG 评分重视数据透明度和公司面临 ESG 问题时的管理应对，为投资者提供特定行业标准的重要方面和详细信息，以满足其特殊需求。标普道琼斯指数 ESG 提供一部分目前市场上最全面的 ESG 标准，评价体系指标权重还因行业不同，每年根据主题对行业的重要性进行评估。然而，标普道琼斯 ESG 部分数据来源为调查数据，而非公开信息，其评估主体为收到反馈的可持续发展评估报告的公司，其评估缺乏一定的严谨性。

3.1.7　Vigeo Eiris ESG 评价体系

3.1.7.1　机构背景简介

Vigeo Eiris 公司成立于 1983 年，是一家为投资者、公共部门、私营机构和非营利机构提供 ESG 研究和服务的全球性公司，被称为 ESG 分析的全球先驱。Vigeo Eiris 同时也是气候债券标准认可的验证机构，在国际上享有极高的知名度。Vigeo Eiris 提供一系列领先的可持续金融解决方案，针对可持续发展债券发布了加强版"第二方意见"（Second Party Opinion，SPO），该意见整合了欧盟分类法与绿色债券标准的各个方面，包括最近增加的针对绿色、社会、可持续性和过渡债券 SPO 服务，以及发行人可持续性评级服务。Vigeo Eiris 在欧洲、非洲、美洲和亚洲的可持续融资运作方面产生了超过 380 个第二方意见。

Vigeo Eiris 将其 ESG 评价称作公民社会和公共当局提高 ESG 意识以及调整公司和投资者战略的驱动力。当前，Vigeo Eiris 公司发布有 Euronext Vigeo Eiris 指数系列（欧洲 120 指数和欧元区 120 指数）。2019 年 4 月，穆迪公司（Moody's Corporation）收购了 Vigeo Eiris 公司，此后，Vigeo Eiris ESG 一直是穆迪 ESG 解决方案的一部分。Vigeo Eiris 提供公司与主权可持续发展报告以及 ESG 评分和行业报告的方式成为其 ESG 评价的特色内容。

3.1.7.2　评价原则及方法

Vigeo Eiris 在进行 ESG 评分时分为总体得分和 E – S – G 水平得分两个部分，总分值和水平分值都在 0 ~ 100 分。Vigeo Eiris ESG 评估时有 38 个基本 ESG 标准的额外分数。评估结束后 Vigeo Eiris 出具每家公司的定性 PDF 报告，包括行业基准数据和每日警报，以确保在出现争议或积极行动后及时调整分数。Vigeo Eiris 通过 API、FTP、Excel 以及专有的投资者平台交付评价数据。

Vigeo Eiris ESG 评价大致可分为四个步骤：信息收集、分析、草案审查、评估结束和发布，如图 3.10 所示。信息收集阶段包括进行企业 ESG 评价分析开始前 2 个月，此时企业向 Vigeo Eiris 提供 ESG 问卷答复或 ESG 评价所必需的关键文件的链接。企业可以通过访问 Vigeo Eiris 公司的在线门户 "VE Connect" 查看他们以前的 ESG 评价和当前的评价框架，据此提出问题并向 ESG 分析师请求额外的支持。数据和信息收集完成后，ESG

分析师生成评估草案，然后将产生评估的草案提供给发行人并进行质量检查。发行人有机会审查文件并提供意见评论。完成以上步骤后最终将结果纳入 ESG 评价，进行评估发布。评估发布后 Vigeo Eiris 还会进行额外的质量检查，并更新评估。

图 3.10　Vigeo Eiris ESG 评估流程

资料来源：Vigeo Eiris 公司。

3.1.7.3　评价指标体系

Vigeo Eiris ESG 评分体系根据问卷和公司披露的信息从环境（E）、社会（S）、治理（G）对公司进行六项大类指标评测。主要包括环境类 1 项、社会类 3 项，以及治理类的公司治理和商业行为 2 项。6 项大类共包含 40 个具体的三级指标，如表 3.13 所示。

表 3.13　Vigeo Eiris ESG 评价指标

一级指标	二级指标	三级指标
环境	环境变化	环境战略、意外污染、生物多样性、绿色产品、动物实验、水资源、能源、大气排放、废弃物、当地污染、运输过程、产品的使用和处置、供应链中的环境标准
社会	人力资源	社会对话、员工参与、重组、职业管理、报酬
	人权	健康与安全、工作时间、基本人权、基本员工权利、非歧视、童工和强迫劳动
	社区建设	社会和经济发展、产品和服务的社会影响、慈善事业、产品安全
治理	公司治理	董事会、审计与内部控制、股东、高管薪酬
	商业行为	客户关系、给客户的信息、供应商关系、供应链中的社会标准、反腐败、反竞争、游说、产品安全

资料来源：Vigeo Eiris 公司。

Vigeo Eiris 在评估时会考察每个标准的 CSR 实现情况。环境上关注环境战略、污染防治（土壤、事故、工业安全、核）、可再生能源、生物多样性保护、能源消耗、输配电活动产生的温室气体、化石能源、空气排放管理和能源需求侧管理。人力资源上关注公司促进劳资关系、负责任的重组管理、职业生涯管理和就业能力提升、改善健康和安全条件四个方面措施。人权上注重公司在尊重人权标准和预防侵犯、尊重结社自由和集体谈判权、非歧视方面的表现。社区参与维度上考察公司对于促进当地社会经济发展、能源获得和预防燃料匮乏的作用。在治理（G）上，考察内容与表 3.13 展示一致。

环境（E）、社会（S）和治理（G）维度的得分来自加权位于它们之下的 ESG 标准的平均值。Vigeo Eiris 认为公司面临的挑战并不统一，因此针对一系列行业特定框架进行定制 ESG 评估模型。在每个行业框架中，38 个通用 ESG 标准的权重从 W0（与行业无关）到 W3（对行业非常重要）。权重基于利益相关者权利在国际参考文本中的重要性和突出程度，以及公司及其利益相关者面临的行业特定风险平均而言，一个特定行业有 25 项被认为与其相关的标准，每个标准都分配有行业特定的重要性权重（见表 3.14）。准则的整体权重（W0 至 W3）是根据赋予三个方面的数字水平（权利性质、利益相关者风险和公司风险）的总和确定的。标准的权重是很重要的，因为公司的 ESG 总分是基于正在审查的标准分数的加权平均。Vigeo Eiris 会定期检讨行业框架的权重，以确保其适用性。

表 3.14　Vigeo Eiris ESG 评价权重标准

权重标准			ESG 标准权重
利益相关者权利的性质和期望	利益相关者的风险	公司的风险	
在国际参考文本中被视为基本的利益相关者权利。例如，人权、员工权利	如果公司不管理其职责，该行业的利益相关者将面临高度风险。从环境角度来看，企业正在使用大量原材料或排放大量污染物（高环境足迹）	公司面临声誉、人力资本、运营效率或法律风险的高风险	W3 高度相关

续表

权重标准			ESG 标准权重
利益相关者权利的性质和期望	利益相关者的风险	公司的风险	
在国际参考文本中被认为很重要。例如，反竞争、负责任的演讲	如果公司不管理他们的责任，该行业的利益相关者就会受到适度的影响。从环境角度来看，企业正在适度使用原材料或适度排放（适度的环境足迹）	公司面临声誉、人力资本、运营效率或法律风险的中等风险	W2 中度相关
社会的次要利益和期望。例如，慈善事业	利益相关者处于边缘地位（低环境足迹）	公司面临声誉、人力资本、运营效率或法律风险的较低风险	W1/0 低相关

资料来源：Vigeo Eiris 公司。

三支柱管理问题框架适用于每个 ESG 标准，包括：

（1）领导素质。

1）承诺的可见性：与标准相关的已定义、可理解和可访问政策的存在性。

2）承诺的详尽性：公司政策与高绩效公司预期的行动原则之间的一致性程度。

3）承诺的所有权：将责任分配给个人或部门以实现既定目标。

（2）实施范围。

1）分配的手段：充分的流程和可实施的措施，以确保组织能够实现其既定目标。

2）地域覆盖：全面覆盖所有营业地点。

3）范围：实施的流程和措施在多大程度上涵盖了高绩效公司预期的所有相关行动原则。

（3）结果（有效性的衡量标准）。

1）KPI 指标：客观评估公司相对于其既定目标和行业的绩效。

2）利益相关者反馈：与审查中的行动原则发生的相关的争议事项。

3）争议管理：公司对任何指控的回应性质（例如，非沟通、被动、主动）。

ESG 管理三支柱问题框架用来确定 ESG 标准级别的分数，确保了 Vigeo Eiris 对公司进行整体性的评分，表 3.15 列出了 ESG 管理三支柱的评分标准。Vigeo Eiris 整合了对承诺、系统的定性观点，以及使用 KPI 分析的定量观点，并通过第三方反馈对这些方面进行补充，以进行评价的争议分析。

表 3.15　ESG 管理三支柱评分标准

ESG 标准评分 x/100	领导力评估	能见度 详尽性 所有权	标准分数的 33%
	实施评估	方法 覆盖范围 规模	标准分数的 33%
	结果评估	关键绩效指标 利益相关者反馈 争议管理	标准分数的 33%

资料来源：Vigeo Eiris 公司。

Vigeo Eiris 以"自下而上"的方式生成 ESG 评价的分数。首先通过 ESG 管理三支柱的评分生成 ESG 标准分数，其次生成 E－S－G 分数，最后生成 ESG 总体分数。

表 3.16 列出了某公司每个管理支柱维度从 0 到 100 打分情况。为每个管理支柱生成一个分数，ESG 标准水平分数是三个管理支柱分数的平均值。

表 3.16　Vigeo Eiris ESG 标准得分

项目	ESG 标准得分：61		
	领导力支柱	实施支柱	结果支柱
得分（总分 100 分）	72	76	34
维度 1	能见度	方法	关键绩效指标
维度得分（总分 100 分）	65	65	0

续表

项目	ESG 标准得分：61		
	领导力支柱	实施支柱	结果支柱
维度权重	20%	40%	30%
维度 2	详尽性	覆盖范围	利益相关者反馈
维度得分（总分 100 分）	65	65	30
维度权重	60%	40%	30%
维度 3	所有权	规模	争议管理
维度得分（总分 100 分）	100	100	65
维度权重	20%	30%	35%

资料来源：Vigeo Eiris 公司。

E－S－G 各项分数则基于 ESG 标准得分分配的权重，进行指标加权计算。以表 3.17 的例子来说，社会（S）分数 $47 = [(30 \times 2) + (45 \times 3) + (65 \times 2) + (50 \times 1)]/(2 + 3 + 2 + 1)$。

表 3.17　Vigeo Eiris E－S－G 各项得分示例

项目	E 得分	S 得分	G 得分
总得分	58	47	28
指标 1	环境治理	劳动者权益	董事会
指标得分（总分 100 分）	50	30	10
权重	W3	W2	W3
指标 2	水资源	非歧视	审计和内部控制
指标得分（总分 100 分）	62	45	10
权重	W2	W3	W3
指标 3	能源	重组	股东
指标得分（总分 100 分）	62	65	50
权重	W3	W2	W3
指标 4	绿色供应链	经济发展	腐败
指标得分（总分 100 分）	62	50	75
权重	W1	W1	W2

资料来源：Vigeo Eiris 公司。

ESG 总体得分是发行人特定行业框架中所有正在审查的标准得分的加权平均值。如表 3.17 中 ESG 总体得分为 44 分，即 44 = (58 + 47 + 28)/3。

Vigeo Eiris 公司同时对环境或社会有影响的争议事件进行评估，评估结果被纳入 Vigeo Eiris 的争议数据库。投资者可以使用 Vigeo Eiris 的争议数据库随时了解影响投资组合的公司声誉和法律安全的指控和诉讼事件。Vigeo Eiris ESG 通过利用争议风险评估，能够筛选投资组合的 ESG 风险收益、合规和漂绿风险，从而提高可持续性影响。Vigeo Eiris 评估的范围覆盖超过 7700 个发行人，并每年根据争议事件的评估结果整合必要的 ESG 数据，更新 ESG 评级结果，以开发优质的 SRI 基金和指数。

Vigeo Eiris ESG 在进行有争议的活动评估时，参评公司在 17 个领域中的参与情况被筛选出来。涉及的 17 个有争议的活动领域为酒精、动物福利、大麻、令人关注的化学物质、赌博、基因工程、高息贷款、核电、色情、生殖医学、烟草、干细胞、民用枪支、军队、煤炭、化石燃料工业、非常规油气。按照参与程度 Vigeo Eiris 将其划分为主要参与、轻微参与、不参与。从方法论的角度来看，所有争议都按照相同的方式进行系统评估。

Vigeo Eiris ESG 在争议活动分析阶段考虑三个问题：①争议的严重性；②关于该 ESG 问题的争议频率；③公司对这一争议的反应。最终输出是对公司争议风险缓解能力的评价结果，包括案例级别（事件）、ESG 标准级别（给定 ESG 标准上的所有事件）、E – S – G 级别（E、S 和 G 支柱内的所有事件）、总体水平（所有争议事件）。必要时，Vigeo Eiris 生成警报，提供定量和定性分析概述。

Vigeo Eiris ESG 评估整合了定性和定量数据、管理和绩效数据以及自我报告和第三方数据。其数据来源主要包括：①企业报告：企业社会责任报告、年度报告、10K 报表、行为准则和道德规范、内部政策、集体谈判协议等；②公司联系数据：在评级过程中公司提供的非机密信息以回应"VE Connect"的问卷；③利益相关者网站：来自关键利益相关者的信息，例如碳信息披露项目（Carbon Disclosure Project，CDP）；④Factiva 新闻数据库：从全球范围内提取的数百个有关公司的新闻报道。

3.1.7.4　评价结果

Vigeo Eiris 根据行业和公司表现从 38 个 ESG 指标对公司进行打分，采取 Vigeo Eiris 四分制评级，"弱"（Weak）处于 0～29 分区间，"有限"（Limited）处于 30～49 分区间，"稳健"（Robust）处于 50～59 分区间，"先进"（Advanced）处于 60～100 分区间。Vigeo Eiris ESG 分数衡量公司考虑和管理物质环境、社会和治理因素的程度，ESG 分数较高的公司在管理与利益相关者的关系上更有优势。由于未能考虑和满足利益相关者的期望，他们也不太可能遇到业务中断或错失机会。反过来，这可以更好地帮助他们减轻风险，并在中长期内为股东创造可持续的价值。从"弱"（Weak）到"先进"（Advanced），分数越高寓意企业的社会责任履行越好，在环境保护和社会贡献中做出了较大努力。2021 年米其林 Vigeo Eiris ESG 评级总分达到 73/100，在汽车行业的 39 家公司中名列前茅。根据 Vigeo Eiris 的说法，米其林展示了将 ESG 因素整合到其战略、运营和风险管理中的先进承诺和能力，达到"Advanced"最高等级。

以欧洲支付和交易服务领域的领导者源讯 Worldline 为例来看 Vigeo Eiris 的评分结果。它在由 Vigeo Eiris 评级机构评估的 IT 及软件服务行业最具可持续发展能力的企业中总体得分 59 分，比 2019 年提高了 4 分，在软件和 IT 行业中保持了前 5 名的位置。在环境方面主要是因为公司致力于降低碳强度、实现碳中和，环境战略得分为 82 分（比行业平均分数高出 25 分）。源讯 Worldline 特别承诺每年降低碳强度 2%，将可再生能源的能源消耗配额翻一番，并将 ISO 14001 认证扩展到拥有 500 名以上员工的所有数据中心和办公场所，努力实现所有活动的碳中和。在人力资源方面，实施负责任的雇主战略，进行内部流动和职业机会的规划，以确保员工技能和就业能力的提升，源讯 Worldline 在职业管理和就业能力提升方面得分 80 分。源讯 Worldline 与其业务所在的所有国家组织社会对话，在欧洲设立了工作委员会，这有助于在包括基本人权和反歧视在内的所有社会事务方面达到 60 分（比平均水平高出 29 分）。

Vigeo Eiris ESG 评价的可交付成果包括整合定量和定性分析的公司级

PDF 报告、整合定量和定性分析的 PDF 部门报告、整合定量和定性分析的投资组合级别的 PDF 报告、带有定量数据的 Excel 数据集。通过 VE DataLab 平台、FTP 和 API，投资者可以访问 ESG 评估结果。在"VE Connect"平台，参与评估的公司能够下载他们的 ESG 计分卡，其中包含他们最新的分数。Vigeo Eiris ESG 评价较为全面先进，数据来源有直接问卷获得的第一手数据，也有来源于调查数据的部分，总的来讲信息库丰富，结论也非常具有参考价值。

3.2 国内评级机构 ESG 评价体系

根据全球可持续投资联盟（Global Sustainable Investment Alliance，GSIA）统计，亚洲国家目前的 ESG 投资占比仅为 0.8%，远低于发达市场水平，这是由于亚洲大部分国家尚处于发展阶段，可持续发展理念和 ESG 觉醒度较低。中国国内的首只 ESG 投资基金（兴全社会责任投资基金）于 2008 年由兴全基金首发，此后随着 ESG 投资在国际市场的主流化，中国的 ESG 投资也不断发展，但速度较慢，直到 2016 年国内开始发行绿色债券，ESG 投融资才加快了脚步。当前国内已有一些研究机构、市场机构、专家学者构建 ESG 评级指标体系，但国内 ESG 发展尚处于初期。

本节对国内七家 ESG 评级机构及其评价方法进行梳理和总结，主要包括以下几方面内容：机构背景简介、ESG 评价原则、指标体系构建（指标选取、数据来源、权重设置、覆盖范围等）、评价方法、评价结果（各评级下的公司数量、不同行业公司评级分布情况等）、评价体系优劣势分析等。

3.2.1 商道融绿 ESG 评价体系

3.2.1.1 机构背景简介

商道融绿是国内领先的绿色金融及责任投资专业服务机构，专注于为客户提供责任投资与 ESG 评估及信息服务、绿色债券评估认证、绿色金融咨询与研究等专业服务。商道融绿是中国责任投资论坛（China SIF）的发起机构，始终致力于倡导建设负责任的中国资本市场，实施可持续金融解决方案，防控风险，把握机遇，推动资本共创可持续未来。

2021 年，商道融绿 ESG 评级数据正式登陆彭博终端，商道融绿成为首家数据登陆彭博终端的中国本土 ESG 评级机构。

3.2.1.2 评价原则及方法

ESG 信息的来源为公开信息，分为环境、社会和治理三大方面，每一方面都覆盖正面信息和负面信息：公司的正面 ESG 信息主要来自企业自主披露，包括企业网站、年报、可持续发展报告、社会责任报告、环境报告、公告、媒体采访等。公司的负面 ESG 信息主要来自企业自主披露、媒体报道、监管部门公告、社会组织调查等。此外，该体系还具备负面信息监控及筛查系统。由该机构专业新闻监控系统针对环境、社会和治理下的二级指标进行 ESG 负面信息检索，分析师根据负面事件的严重程度和影响对负面信息进行评价和打分。如果显示公司出现较为负面的 ESG 信息，分析师会对相应的指标进行分数扣减。

3.2.1.3 ESG 评价指标体系

商道融绿 ESG 信息评估体系共包含三级指标体系。一级指标为环境、社会和公司治理三个维度。二级指标为环境、社会和公司治理下的 13 项分类议题，如环境下的二级指标包括环境管理、环境披露及环境负面事件等。三级指标涵盖具体 ESG 指标，共有 127 项，例如社会方面三级指标包括员工政策、员工政策、女性员工、多样化、供应链责任管理等 30 多项指标；环境方面三级指标包括能源消耗、水污染、绿色采购政策、温室气体排放、固废污染等指标（见表 3.18）。

评估体系分为通用指标和行业特定指标。通用指标适用于所有上市公司，行业特定指标是指各行业特有的指标，只适用于本行业分类内的公司。在 ESG 评估体系中，根据不同指标对于企业的重要及影响程度，每项 ESG 评估指标依据行业的不同被赋予不同的权重。在对 ESG 信息进行评价打分后，评估体系将会加权计算出一家公司的整体 ESG 绩效分数，并最终按照得分给出每家公司 ESG 评级。

表 3.18　商道融绿 ESG 评价指数

一级指标	二级指标		三级指标
E 环境	E1 环境管理	通用指标	环境管理目标
			环境管理组织和人力配置
			环境管理体系认证
			员工环境保护培训
			环境问题内外部沟通
			节能和可再生能源政策
			节水目标
			温室气体排放管理体系
			绿色采购政策
			……
		行业指标	绿色产品（服务）与收入
			环境绩效记录与监控
			生物多样性保护
			可持续农（渔）业
			……
	E2 环境披露	通用指标	能源消耗量与节能量
			能源强度（单位产值能耗）
			总耗水量及节水量
			温室气体排放量及减排量
			……
		行业指标	废水排放量及减排量
			废气排放量及减排量
			危险废弃物排放量及减排量
			废弃物综合利用率
			产品平均二氧化碳排放量
			……

续表

一级指标	二级指标		三级指标
E 环境	E3 环境负面事件	通用指标	水污染负面事件
			大气污染负面事件
			固废污染负面事件
			其他环境合规负面事件
			……
S 社会	S1 员工	通用指标	集体谈判
			反强迫劳动
			禁止雇用童工
			同工同酬
			女性员工比例
			员工离职率
			非正式员工比例
			员工培训
			……
		行业指标	职业健康与安全
			因公死亡人数
			事故损失工时
			……
	S2 供应链责任	通用指标	负责任的供应链管理
			供应链监督体系
			……
	S3 客户	行业指标	客户信息保密
	S4 社区	通用指标	人权
			……
		行业指标	社区沟通
			……
	S5 产品	行业指标	公平贸易产品
			……
	S6 公司慈善	通用指标	企业基金会
			捐赠
			员工公益活动
			……

一级指标	二级指标		三级指标
S 社会	S7 社会负面事件	通用指标	员工负面事件
			供应链负面事件
			客户负面事件
			社区负面事件
			产品负面事件
G 公司治理	G1 商业道德	通用指标	反腐败与贿赂政策
			举报制度
			可持续发展承诺
			纳税
			……
		行业指标	反洗钱
			普惠金融
			责任投资
			动物福利
			……
	G2 公司治理	通用指标	ESG 信息披露
			董事工资
			董事会多样性
			董事长和 CEO 分权
			董事会独立性
			独立薪酬委员会
			独立审计委员会
			CEO 和员工工资比例
			董事和高管薪酬
			审计独立性
			……
	G3 公司治理负面事件	通用指标	商业道德负面事件
			公司治理负面事件

资料来源：商道融绿、长江证券研究所。

3.2.1.4　评价结果

商道融绿的 ESG 评价结果是根据全体评估样本上市公司的 ESG 综合得分排序，参考国际最优实践及中国上市公司 ESG 绩效的整体水平，根据聚类分析得到商道融绿的 ESG 级别体系，共分为 10 级，由低到高为：D、C−、C、C+、B−、B、B+、A−、A、A+，如表 3.19 所示。

表 3.19　商道融绿 ESG 评级结果划分

评级结果	释义
A+	企业具有优秀的 ESG 综合管理水平，过去三年几乎未出现 ESG 负面事件或
A	仅出现个别轻微负面事件，表现稳健
A−	企业 ESG 综合管理水平良好，过去三年出现过少数影响轻微的 ESG 负面事
B+	件，整体 ESG 风险较低
B	企业 ESG 综合管理水平一般，过去三年出现过一些影响中等或少数较严重
B−	的负面事件，但尚未构成系统性风险
C+	
C	企业 ESG 综合管理水平薄弱，过去三年出现过较多或较严重的 ESG 负面事
C−	件，ESG 风险较高
D	企业近期出现了重大的 ESG 负面事件，对企业有重大的负面影响，已暴露出很高的 ESG 风险

资料来源：商道融绿、长江证券研究所。

基于商道融绿 A 股 ESG 数据库数据统计，2018~2020 年中证 800 成分股公司的 ESG 评级有所提升。得到 B+ 级（含）以上 ESG 评级的公司比例从 2018 年的 8% 增加到 2020 年的 17%；得到 C+（含）以下 ESG 评级的公司比例从 25.2% 减少到 12.4%（见图 3.11）。

对比 2020 年和 2019 年均属于中证 800 成分股的上市公司，其中有 19.5% 的公司 ESG 评级上调，14.6% 的公司评级下调，65.9% 的公司评级维持不变。如果以 2018 年 ESG 得分为基数，三年 ESG 综合得分均值总增幅为 5%，这反映出 A 股主要上市公司整体的 ESG 绩效稳步增长。从上市公司的 ESG 管理及披露和 ESG 风险两个维度来分析上市公司的 ESG

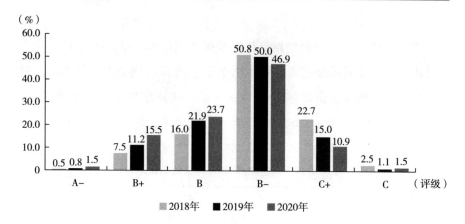

图 3.11　中证 800 ESG 评级分布（2018～2020 年）

资料来源：商道融绿《A 股上市公司 ESG 评级分析报告 2020》。

表现，可以发现近年上市公司 ESG 管理及披露绩效呈现较大幅度的提升，三年间相较于 2018 年总体提升 23%，表明公司 ESG 管理主动性加强，信息披露改善。与 ESG 管理及披露形成对照的是，以上市公司出现 ESG 负面事件为代表的 ESG 风险情况也在逐年上升，三年总体增长 7%。表明在过去的三年中，上市公司更多的环境、社会及公司治理负面事件曝光于公众视野，对上市公司的股价波动产生明显的影响，也印证了"防踩雷"成为近几年资本市场的关注重点（见图 3.12）。

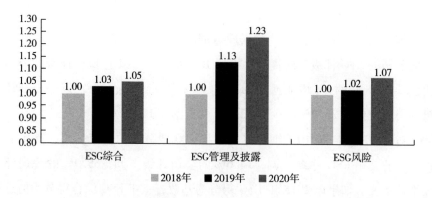

图 3.12　中证 800 ESG 绩效变化（2018～2020 年）

资料来源：商道融绿《A 股上市公司 ESG 评级分析报告 2020》。

按照中证 800 成分股 ESG 整体绩效排名，将每年绩效前 100 家公司称为"高 ESG 100 组合"，后 100 家公司为"低 ESG 100 组合"，分别分析两个组合三年间 ESG 绩效变化情况。发现 ESG 绩效头部上市公司 ESG 绩效提升更快，年均增速也较为平均，三年总体增幅 8%。而 ESG 绩效尾部公司提升幅度较小，三年总体增幅 4%。表明 A 股上市公司在 ESG 整体提升的背景下，ESG 绩效的头部公司对 ESG 提升的成效更加显著（见图 3.13）。

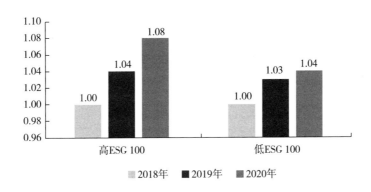

图 3.13　中证 800 高 ESG 100 和低 ESG 100 的 ESG 绩效变化情况

（2018～2020 年）

资料来源：商道融绿《A 股上市公司 ESG 评级分析报告 2020》。

　　从环境（E）、社会（S）和公司治理（G）三个维度分析三年间 A 股上市公司的 ESG 分项绩效变化情况来看，上市公司三个维度的绩效均有一定提升，其中环境方面的提升较社会和治理方面更加迅速。在此三年环境绩效提升了 7%，社会绩效提升了 3%，公司治理绩效提升了 4%（见图 3.14）。

　　按行业分析，2020 年中证 800 ESG 综合平均得分最高的五个行业依次为：金融业，电力、热力、燃气及水的生产和供应业，采矿业，交通运输、仓储和邮政业，医药制造业。ESG 综合平均得分最低的五个行业依次为：房地产业，食品饮料制造业，其他服务业，信息传输、软件和信息技术，建筑业。以中证 800 成分股整体 ESG 综合得分均值为基数，衡量各行业的 ESG 相对表现（见图 3.15）。

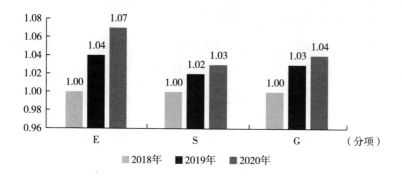

图 3.14　中证 800 E/S/G 绩效分项变化（2018~2020 年）

资料来源：商道融绿《A 股上市公司 ESG 评级分析报告 2020》。

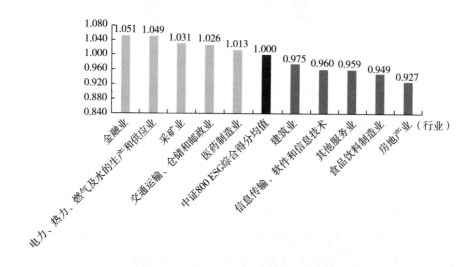

图 3.15　中证 800 行业 ESG 得分情况（2020 年）

资料来源：商道融绿《A 股上市公司 ESG 评级分析报告 2020》。

商道融绿联合朗诗等机构基于 2017 年 1 月以来的数据以及指数试行版的情况，2018 年 6 月，朗诗·中国 ESG 景气指数推出正式版。指数正式版首先在全国总体指数的基础上增加了省级地区指数，其次对 ESG 全国总体指数指标数据的权重进行了一些调整。为客观反映各地的发展趋势，提供决策参考和改善依据，指数正式版在 ESG 全国指数之外，增加了我国大陆地区各个省级行政区的月度 ESG 指数，目前以月度前十的形式进行公布。基于政策对于 ESG 发展的重要推动作用，省级指数中加入了"地方绿色金融政策"这一指标，并通过权重予以强调。

基于指数的构建模型，朗诗·中国 ESG 景气指数运用最前沿的技术，从企业、金融、政府以及社会的海量行为数据中挖掘可稳定获取的数据类型，构建准确、有效的数据指标，并基于指标数据构建指数。朗诗·中国 ESG 景气指数的 ESG 全国指数和 ESG 省级指数分别有环境（E）、社会（S）和公司治理（G）三个一级指数。ESG 全国指数在环境（E）、社会（S）和公司治理（G）一级指数下分别设有 P-S-R 三方面共 9 个二级指数，共基于 26 个三级指标（见表 3.20）。ESG 省级指数指标共 19 个，包括省级 ESG 运行指标和省级绿色金融政策指标。省级 ESG 运行指标主要是在全国指数的三级指标中选取适合划分至省级区域的指标。

表 3.20　全国指数的指标体系

一级指数	二级指数	三级指标
环境（E）	环境压力 （EP）	当期环保处罚情况
		当期内环境诉讼情况
		当期城市重污染情况
	环境状态 （ES）	当期绿色类上市企业的市值状态
		当期非上市绿色类公司获得投资状态
		当期绿色类公司招聘状态
	环境响应 （ER）	当期绿色主题基金规模
		当期金融机构绿色金融工作活跃度
		当期资本市场对环保主题的关注度

续表

一级指数	二级指数	三级指标
社会（S）	社会压力（SP）	当期社会主题诉讼情况
		当期政府对社会主题的关注度
		当期政府对扶贫工作的关注度
	社会状态（SS）	当期社会类上市企业的市值状态
		当期社会类非上市企业获得投资情况
		当期社会类企业招聘状态
		当期企业扶贫工作的活跃度
	社会响应（SR）	当期社会主题基金规模
		当期资本市场对社会主题的关注度
		当期新增村镇银行、小贷公司、农村合作社情况
公司治理（G）	治理压力（GP）	当期公司治理类诉讼情况
		当期行政处罚、经营异常和列入失信名单的企业情况
	治理状态（GS）	当期市场公司治理指数的情况
		当期成立五年及以上且正常经营的公司比例
		当期新增有限责任及股份公司情况
	治理响应（GR）	当期公司治理主题的基金规模
		当期资本市场对公司治理主题的关注度

资料来源：商道融绿《朗诗·中国 ESG 景气指数》。

2018 年 5 月，ESG 省级指数排名前 10 的行政区依次是江苏省、浙江省、广东省、北京市、山东省、四川省、河南省、重庆市、湖南省、福建省。江苏省的排名在一年以来稳定在大陆地区省级行政区前三，环境（E）和公司治理（G）的单项指数也稳定在前四。名列第二的浙江省在绿色金融政策指标上排名第一。名列第三的广东省当期非上市绿色类公司获得投资状态均位列前茅，体现了当地市场对绿色项目的有力支持。

3.2.2　社会价值投资联盟 ESG 评价体系

3.2.2.1　机构背景简介

社会价值投资联盟（以下简称社投盟，China Alliance of Social Value

Investment，CASVI）于 2016 年在深圳成立，是中国首家专注于促进可持续发展金融的国际化新公益平台。社投盟由友成企业家扶贫基金会、联合国社会影响力基金、中国社会治理研究会、中国投资协会等领衔发起，近 50 家机构联合创办。社投盟是一个促进可持续发展金融的国际化平台，与联合国开发计划署（UNDP）、全球影响力投资指导委员会（GSG）及全球影响力投资网络（GIIN）、亚洲公益创投网络（AVPN）等业内权威国际组织保持密切交流与合作。社投盟曾数次受邀参与联合国大会、世界经济论坛与 GSG 全球影响力投资峰会等国际大会，向全球推广中国可持续发展金融的成果与机遇。社投盟以"打破恶循环、建立善经济"为使命，以"创造社会福祉"和"提升商业回报"为理念，引导资本、智库、政策等要素性资源投向"义利并举"的社会创新创业项目。

3.2.2.2　评价原则及方法

社投盟对于企业社会价值的评估逻辑在于"义利并举"，将企业的社会价值分为"义"和"利"两个取向，与环境效益（E）、社会效益（S）、治理结构（G）、经济效益（E）的国际共识相结合，通过目标（驱动力）、方式（创新力）和效益（转化力）三个维度对企业的社会价值进行评估。这使社投盟的评估模型在 ESG 评价的基础上增加了经济效益，这是其评价模型的独特之处。可持续发展价值评估是一次系统性社会创新实验。它贯通了可持续发展的全球共识、五大发展理念的中国方略和"义利并举"的价值主张，构建了从基础层、工具层和应用层的开发路径，提出目标|驱动力、方式|创新力和效益|转化力的评估方式，并初步探索了形成机制和传导路径。可持续发展价值评估依据"3A""三力""三合一"原理。"3A"指 AIM（目标）、APPROACH（方式）和 ACTION（效益）的英文简称，是可持续发展价值评估的基础结构；"三力"指目标的驱动力、方式的创新力和效益的转化力，是可持续发展价值评估的主要特征；"三合一"指目标的驱动力、方式的创新力和效益的转化力协同作用，是可持续发展价值评估的平衡机制。

可持续发展价值评估的信息来源于公开披露的信息，主要来自上市公司年度报告、社会责任报告、可持续发展报告、ESG 报告、企业官网、临时公告、监管部门的监管信息、第三方数据提供商等。为突破数据困境，社投盟采取了如下措施：①制定了详尽的工作操作手册，对数据定义、类型、性质、功能、来源、期限、质量和数据样本和标杆进行了详尽的需求界定，并搭建出数据库雏形。②综合考虑了数据库规模、执行效率和利益冲突等因素，选取了 Wind 资讯作为定量指标数据的合作方；组建了项目团队（20 人）进行定性指标的数据检索。③制定了周密的分工协同计划。数据团队背对背检索、交叉验证，在核心组参与下进行了第一次复核，在数据专家组指导下进行了第二次复核，在"明箱挑战"（专家在签署并遵循保密协议的情况下，有权对任何排名提出复议并调阅该公司的全部数据）下进行了第三次复核。④与监管部门、主流媒体和产业协会组织的信息进行验证。在取得了资本市场规定披露的全部数据后，与国家环保部、国家安全生产监督管理委员会、国家税务总局、国家认证认可监督管理委员会、各级人民法院以及各产业主管部委公开的数据库和黑名单等进行了印证，对主流媒体披露的负面信息进行了检索和分析。

3.2.2.3 评价指标体系

可持续发展价值评估模型实行"先筛后评"的机制，社投盟评价由"筛选子模型"和"评分子模型"两部分构成。"筛选子模型"是可持续发展价值评估的负面清单，包括 6 个方面（产业政策、特殊行业、财务问题、负面事件、违法违规、特殊处理上市公司）、17 个指标，对评估对象进行"是与非"的判断，如表 3.21 所示。若评估对象符合任何一个指标，即被判定为资质不符，无法进入下一步量化评分环节。"筛选子模型"的构建遵循了底线原则，体现在刚性门槛、阶段推进两方面。所谓刚性门槛，是指任何上市公司如存在违法违规（省部级以上处罚）状况，如在财务、社会、环境方面有诚信问题或重大负面事件；被证券交易所公告特殊处理（ST、*ST）等，即属于未达到可持续发展价值的基本要求，禁止入围。所谓阶段推进，是指为有效引导上市公司创造可持续发展价值，在评估的起步阶段门槛宜低不宜高，待理念普及后再逐步提升底线。

反映在指标设置上，违规处罚底线设在不低于省部级；反映在评价范围上，全部指标的评价对象为上市公司主体，而尚未延展到上市公司的并表企业。

表 3.21 上市公司社会价值评估模型——筛选子模型

领域	指标	定义
产业政策	生产要素	《产业结构调整指导目录（2011 年本）》及其修正版中限制类生产线或生产工艺
	持有股份	持有具有前述特征的上市公司股权超过 20%
特殊行业	烟草业	主营烟草或由烟草业上市公司持股超过 50%
	博彩业	主营博彩或由博彩业上市公司持股超过 50%
	持有股份	持有具有前述特征的上市公司股权超过 20%
财务问题	审计报告	审计机构出具非标准无保留意见审计报告
	违法行为	税务违法，并被税务机关处罚
	从政处罚	受到处罚：停止出口退税权、没收违法所得、收缴发票或者停止发售发票、提请吊销营业执照、通知出境管理机关阻止出境
	财务诚信	被列入财务失信被执行人名单
	外部监督	被专业财务机构或研究机构公开质疑有重大财务问题，无合理解释与回应
负面事件	外部监督	在持续经营、财务、社会、环境方面发生重大负面事件，造成严重社会影响或不积极应对、不及时公开披露处理结果
	伤亡事故	发生重大及特别重大事故且不积极应对、不及时公开披露处理结果；重大事故（10 人以上 30 人以下死亡，或者 50 人以上 100 人以下重伤，或者 5000 万元以上 1 亿元以下直接经济损失的事故）；特别重大事故（30 人以上死亡，或者 100 人以上重伤，或者 1 亿元以上直接经济损失的事故）
违法违规	违法	上市公司涉及单位犯罪刑事案件，董事、高管涉及上市公司本身的刑事案件尚未了结
	违规	违规并受到公开谴责或公开处罚的（省部级及以上行政机构及上海、深圳证券交易所）
	受到证券监管部门处罚	受到处罚：①责令停产停业；②暂扣或者吊销许可证、暂扣或者吊销执照
特殊处理上市公司	ST 与 *ST	特别处理的上市公司
	连续停牌	在交易数据考察时段内连续停牌三个月或者多次停牌累计六个月

资料来源：社会价值投资联盟。

在"筛选子模型"遴选出符合资质的上市公司后，"评分子模型"对其可持续发展价值贡献进行量化评分。"评分子模型"对上市公司可持续发展价值进行量化评分，包括通用版、金融专用版和地产专用版。"评分子模型"通用版包括 3 个一级指标（目标|驱动力、方式|创新力、效益|转化力）、9 个二级指标、27 个三级指标和 55 个四级指标（见表 3.22）。专用版和通用版的"目标|驱动力"和"方式|创新力"下全部指标以及"效益|转化力"下部分指标（社会贡献）完全相同，只在"效益|转化力"指标下的"经济贡献"和"环境贡献"存在差异。

表 3.22　上市公司社会价值评估模型——评分子模型

一级指标	二级指标	三级指标	四级指标
目标|驱动力	价值驱动	核心理念	使命愿景宗旨
		商业伦理	价值观经营理念
	战略驱动	战略目标	可持续发展战略目标
		战略规划	中长期战略发展规划
	业务驱动	业务定位	主营业务定位
		服务受众	受众结构
方式|创新力	技术创新	研发能力	研发投入
			每亿元营业总收入有效专利数
		产品服务	产品/服务突破性创新
			产品/服务契合社会价值的创新
	模式创新	商业模式	盈利模式
			运营模式
		业态影响	行业标准制定
			产业转型升级
	管理创新	参与机制	利益相关方识别与参与
			投资者关系管理
		披露机制	财务信息披露
			非财务信息披露

续表

一级指标	二级指标	三级指标	四级指标
方式|创新力	管理创新	激励机制	企业创新奖励激励
			员工股票期权激励计划
		风控机制	内控管理体系
			应急管理体系
效益|转化力	经济贡献	盈利能力	净资产收益率
			营业利润率
		运营效率	总资产周转率
			应收账款周转率
		偿债能力	流动比率
			资产负债率
			净资产
		成长能力	近三年营业收入复合增长率
			近三年净资产复合增长率
		财务贡献	纳税总额
			股息率
			总市值
	社会贡献	客户价值	质量管理体系
			客户满意度
		员工权益	公平雇佣政策
			员工权益保护与职业发展
			职业健康保障
		安全运营	安全管理体系
			安全事故
		合作伙伴	公平运营
			供应链管理
		公益贡献	公益投入
			社区能力建设
	环境贡献	环境管理	环境管理体系
			环保投入支出占营业收入比率
			环保违法违规事件及处罚
			绿色采购政策和措施

续表

一级指标	二级指标	三级指标	四级指标
效益|转化力	环境贡献	绿色发展	综合能耗管理
			水资源管理
			物料消耗管理
			绿色办公
		污染防控	三废（废水、废气、固废）减排
			应对气候变化措施及效果

资料来源：社会价值投资联盟。

从评估模式看，模型构建采取了"目标本位"和"目标检测"的混合方式。一级、二级指标主要反映理想目标和价值主张，即侧重"目标本位"；而三级、四级指标侧重对接数据基础和现实条件，即侧重"目标检测"。一级指标提出了模型的基本命题与逻辑。"3A"是经典的战略管理分析架构，反映企业发展的内在规律。"3A"的可持续发展价值特征是"三力"，"3A""三力"揭示出可持续发展价值创造的方向和动能。二级指标是一级指标的要素构成。"目标\|驱动力"下的二级指标"价值驱动""战略驱动""业务驱动"，由抽象到具象反映评价对象是否契合了全球共识、国家方略和可持续发展价值主张；"方式\|创新力"下的"技术创新""模式创新""管理创新"，反映了上市公司如何借助软实力去创造可持续发展价值；"效益\|转化力"下的"经济贡献""社会贡献""环境贡献"，是全球可持续发展和 ESG 的三大议题，也是可持续发展价值产出的三大领域。三级指标对二级指标进行特征分解，主要作用是跨界融通，使模型与经济、政策和社会议题吻合。如在"社会贡献"和"环境贡献"项下的 9 大三级指标，与联合国 17 项可持续发展目标、ISO 26000 企业社会责任议题和"十三五"规划指引同频共振。三级指标使"3A"模型能够直接进行跨业界、跨学界和跨国界的对话。四级指标是整个模型的具项落实，是在明确概念、提出命题和合理推断之后的逻辑呈现。由于四级指标对接量化评分，该级指标须满足数据可获取、指标可通用、评价可执行三

项操作条件。

"评估模型"采用了以下方法确立指标权重和评分值域：在指标赋权中，采用了"层次分析法"和"德尔菲法"。首先，50 位专家用"层次分析法"生成判断矩阵，计算出每个四级指标的权重；其次，数据组根据指标的公开数据完备度计算出指标权重调整系数；最后，模型构建组对"层次分析法"得出的权重值和数据组提供的系数值进行计算，化零为整生成了最终指标权重。在指标赋值方面，采纳了荷兰专家的建议，确立了"0、1、2、3"值域，便于提升中间层的区分度。部分专家建议，对特定的原创指标（如产品/服务契合社会价值的创新等）设置加减分。为维护"评分子模型"的公允性和稳定度，经反复讨论和测试，将加分项植入评分标准，将减分项并入"筛选子模型"。

评价标准确立了"公示优先""定量优先""存续优先"的评估原则。所谓"公示优先"是指以权威机构发布的信息为主；所谓"定量优先"是指以能够量化反映为主；所谓"存续优先"是指以可以连续三年以上有稳定信息披露为主。按照这三项评估原则，对四级指标逐一明确界定，并确立评价细则。对于定量指标，采用聚类分析、等比例映射、等距分类、等差排序等方法进行测评；对于定性指标，分为简单定性和复杂定性两类。对于简单定性指标，用直接分析完成；对于复杂定性指标，通过专家组背对背评估、公示验证完成。

3.2.2.4　评价结果

社投盟将可持续发展价值评价分为 10 个基础等级，分别为 AAA、AA、A、BBB、BB、B、CCC、CC、C 和 D。其中 AA 至 B 级用"＋"和"－"号进行微调，因此，共计 20 个增强等级，而 D 级表示使用筛选子模型筛出的公司（见表 3.23）。社投盟评价体系的不足之处在于没有按行业分配不同权重，只对企业做出负面清单筛选，这样的做法对于重工业等环境不友好行业的评分不够客观和公平。

表 3.23　社投盟可持续发展价值评价等级

基础等级	增强等级	等级含义
AAA	AAA	AAA 是社会价值评估最高等级，表示创造"经济－社会－环境"综合价值能力最强，合一度高且无可持续发展风险，不受不良形势或周期性因素影响
AA	AA＋	AA 是社会价值评估高等级，表示创造"经济－社会－环境"综合价值能力很强
	AA	合一度较高且可持续发展风险最低
	AA－	较少受不良形势或周期性因素影响
A	A＋	A 是社会价值评估中较高等级，表示创造"经济－社会－环境"综合价值能力较强
	A	合一度可接受，可持续发展风险偏低
	A－	可能受不良形势或周期性因素影响
BBB	BBB＋	BBB 是社会价值评估中等等级，表示创造"经济－社会－环境"综合价值能力一般
	BBB	有合一度差异、有可持续发展风险
	BBB－	容易受不良形势或周期性因素影响
BB	BB＋	BB 是社会价值评估中下等级，表示创造"经济－社会－环境"综合价值能力有一定潜力
	BB	有较大合一度差异、存在可持续发展风险
	BB－	受到不良形势或周期性因素影响
B	B＋	B 是社会价值评估较低等级，表示创造"经济－社会－环境"综合价值能力不强
	B	有合一度问题、存在较大可持续发展风险
	B－	受到不良形势或周期性因素影响
CCC	CCC	CCC 是社会价值评估较低等级，表示创造"经济－社会－环境"综合价值能力很差，有合一度问题、存在较大可持续发展风险，受到严重不良形势或周期性因素影响较大
CC	CC	CC 是社会价值评估很低等级，表示创造"经济－社会－环境"综合价值能力太差，有严重合一度问题、存在较大可持续发展风险
C	C	C 是社会价值评估极低等级，几乎没有创造"经济－社会－环境"综合价值能力，没有合一度、几乎无法可持续发展
D	D	不符合筛选子模型资质要求

资料来源：社会价值投资联盟、华泰证券研究所。

根据社投盟可持续发展价值评估体系原则及实施办法，对 A 股上市公司可持续发展价值评估实行"筛选 + 评分"的机制。其中"筛选子模型"是可持续发展价值的负向剔除评估工具，若评估对象符合其中任何负向指标，则无法进入"义利 99"排行榜；"评分子模型"是可持续发展价值的正向量化评估工具。"义利 99"是指以上市公司 3A 可持续发展价值评估模型为工具，以沪深 300 成分股为评估对象，以经济、社会和环境综合贡献为评估内容，可持续发展价值得分居前 99 位的上市公司群体。

2018 ~ 2020 年"义利 99"评估结果显示，我国上市公司发展质量持续提升，头部公司差距不断缩小。2020 年"义利 99"和沪深 300 可持续发展价值平均得分均创三年新高，分别为 66.91 分和 56.31 分（满分 100分）。2020 年"义利 99"平均分比 2018 年和 2019 年分别提高 0.81 分和 0.92 分，沪深 300 平均分比 2018 年和 2019 年分别提高 0.64 分和 1.09分。2018 年沪深 300 成分股中 BBB 基础等级及以上的上市公司数量为 201 家，2019 年为 198 家，2020 年增加至 214 家；被"筛选子模型"剔除的上市公司（D 等级）在 2018 年为 25 家，2019 年减少为 14 家，2020 年只有 9 家。从 2018 ~ 2020 年可持续发展价值评分和评级来看，"义利 99"和沪深 300 上市公司发展质量在 2020 年均实现三年最佳（见表 3.24）。

表 3.24　2018 ~ 2020 年"义利 99"与沪深 300 可持续发展价值平均分和标准差

年份	平均分		标准差	
	义利 99	沪深 300	义利 99	沪深 300
2018	66.10	55.67	4.82	9.86
2019	65.99	55.22	4.53	9.86
2020	66.91	56.31	4.22	10.41

资料来源：社投盟《2020A 股上市公司可持续发展价值评估报告》。

对比 2019 年，2020 年"义利 99"上榜金融公司数量回升明显，8 家金融公司新入榜，1 家金融公司出榜，从 2019 年的 10 家激增到 17 家。工业、可选消费、能源和原材料行业公司数量占比依次为 19.19%、12.12%、

7.07% 和 12.12%，分别比在沪深 300 中的占比高 1.86 个、2.45 个、3.74 个和 1.79 个百分点；金融、医药卫生和信息技术行业公司数量占比依次为 17.17%、5.05% 和 9.09%，分别比沪深 300 中占比低 4.16 个、3.62 个和 2.91 个百分点；主要消费、公用事业、地产和电信业务行业公司数量占比与沪深 300 基本持平。

能源行业中"义利 99"上榜公司比例在近三年稳居第一，可选消费稳步上升，而医药卫生和公用事业逐年下降，信息技术和电信业务较为稳定，主要消费和地产行业上榜率呈现"高—低—高"的波动（见表 3.25）。

表 3.25　2018～2020 年沪深 300 成分股 11 个行业中"义利 99"上榜公司占比

单位:%

年份	工业	金融	可选消费	医药卫生	能源	原材料	信息技术	主要消费	公用事业	地产	电信业务
2018	40.00	35.71	26.32	40.91	61.54	18.92	20.69	38.46	45.45	20.00	33.33
2019	48.21	17.24	32.26	34.48	70.00	47.22	18.18	18.75	44.44	13.33	42.86
2010	36.54	26.56	41.38	19.23	70.00	38.71	25.00	31.58	33.33	35.71	40.00

资料来源：社投盟《2020 A 股上市公司可持续发展价值评估报告》。

3.2.3　嘉实基金 ESG 评价体系

3.2.3.1　机构背景简介

嘉实基金管理有限公司（以下简称嘉实基金）成立于 1999 年，是国内最早成立的十家基金管理公司之一。嘉实基金秉承"远见者稳进"理念，至今已拥有公募基金、机构投资、养老金业务、海外投资、财富管理等在内的"全牌照"业务，累计为超 1 亿大众投资者及超 7000 家各类机构客户提供专业、高效的理财服务。嘉实基金是国内较早投入 ESG 研究和践行 ESG 投资的公募基金，于 2018 年加入联合国责任投资原则组织（UN PRI）。2020 年 7 月初，由嘉实自主研发、与国际通用 ESG 框架和标准接轨，并反映中国资本市场发展现状和市场条件的 ESG 因子框架和打分体系正式在 Wind 上线。

3.2.3.2　评价原则及方法

嘉实基金 ESG 评分体系注重框架本土化，纳入了多维度具有本土特色的 ESG 指标，基于最小化主观性评判的评价原则，对规则和结构化数据进行量化打分，侧重于保证评估的客观性和一致性。特别地，嘉实基金 ESG 评分体系借助 AI 等先进技术，创造性地采用了目前较先进的自然语言处理系统（NLP）等人工智能技术，来捕捉动态、非结构化数据（如从各级政府和监管信息发布平台、新闻媒体、公益组织、行业协会等网站取得的信息），解决了 ESG 类信息披露的不透明性、时间的动态性、信息的非结构化等困难，使整体研发过程十分严谨。

3.2.3.3　评价指标体系

具体到指标选取过程，嘉实基金 ESG 评分体系依托于其领先的投研经验和 ESG 能力，自上而下地选取了 3 个一级指标（主题）、8 个二级指标（议题）、23 个三级指标（事项），以及超过 110 个底层指标（80% 以上底层指标为量化或 0 ~ 1 指标），综合评估中国上市公司所面临的 ESG 风险暴露和机遇，以实现 ESG 与 A 股投资逻辑和实践经验的深度结合，以便更好地捕捉 A 股市场的 ESG 投资信号（见表 3.26）。

表 3.26　嘉实基金 ESG 评价指标体系

主题	议题	事项	指标（共 110 多个指标，此处为样例）
环境	环境风险暴露	地理环境风险暴露	多大比例的营业收入来源于环境执法力度和资源使用约束较强的省份和区域
		业务环境风险暴露	多大比例的营业收入来源于高污染高耗能业务部门或细分行业
	环境风险管理	气候变化	温室气体排放强度，三年趋势；能源来源中可再生来源占比
		污染和废弃物排放	ISO 14001 认证；二氧化氮、氮氧化物、VOC 和颗粒物排放量和强度，三年趋势
		资源节约和保护	水消耗强度，三年趋势；能源消耗强度，三年趋势
		环境违规事件	过去三年内发生环境违规事件次数和严重级别
	环境机遇	绿色产品和服务	多大比例的营业收入来源于绿色产品和服务

续表

主题	议题	事项	指标（共 110 多个指标，此处为样例）
社会	人力资本	员工管理和员工福利	员工平均总薪酬（元）；五险一金覆盖率；集体劳动合同
		员工健康和安全	工伤率、死亡率；OHSAS 80001 认证
		人才培养和发展	员工培训时长/人（小时）；员工培训支出/人（元）
		员工相关争议事件	过去三年发生劳动关系和员工相关争议事件次数和严重级别
	产品和服务质量	产品安全和质量	ISO 9001 认证；产品质量保证体系
		商业创新	研发支出占比；发明专利数
		客户隐私和数据安全	ISO 27001 认证；隐私保护政策
		产品相关争议事件	过去三年内发生的产品和客户相关争议事件次数和严重级别
	社区建设	社区建设和贡献	扶贫和捐赠支出；多大比例的营业收入来源于保障性产品和服务
		供应链责任	供应商集中度；供应链管理制度和供应商审计
治理	公司治理结构	股权结构和股东权益	股权集中度；股权质押比例；减持
		董事会结构和监督	董事会及委员会独立性；董事任职资质
		审计政策和披露	审计意见；财报合规性；外部审计机构资质
		高管薪酬和激励	高管股权激励；高管薪酬与公司业绩一致性
	治理行为	商业道德和反腐败	反腐败政策；员工培训和保证
		治理相关争议事件	过去三年内发生的治理相关的争议事件次数和严重级别

资料来源：Wind、华泰证券研究所。

  总体来看，嘉实基金 ESG 的评价体系具有如下亮点：①领先的方法论。评估方法论接轨国际标准，兼具中国本土特色，能够反映中国企业所面临的实质性 ESG 风险和机遇。②客观量化评价。80% 以上底层指标为量化或 0~1 指标，基于规则和结构化数据的量化打分机制保证评估的客观性和一致性。③丰富的本土数据源。深度数据清洗和结构化，并且借助自主研发的 ESG 自然语言处理进行另类数据的挖掘与处理。④时效性强。

月度数据更新以及时反映上市公司 ESG 绩效的变化和趋势，始于 2017 年 1 月的月度评分时间序列。⑤覆盖全面。ESG 评分数据库覆盖 A 股市场 3800 多家上市公司。⑥应用场景广泛，投资绩效显著。ESG 与投资深度结合，经过基本面投资逻辑、因子有效性的充分验证，策略应用场景广泛，投资绩效显著。

3.2.3.4　评价结果

嘉实基金 ESG 评价体系的样本覆盖率广、时效性高。通过与 Wind 金融数据库的合作使其拥有丰富的本土数据源，目前可覆盖 A 股市场 3800 多家上市公司自 2017 年 1 月以来的完善月度 ESG 评分数据。虽然该体系没有设置相应的 ESG 等级，但其基于获取的公司数据以 0 ~ 100 分的评分数值来反映公司 ESG 绩效在同行业中的位置，并且可以保持月度数据更新以及时反映上市公司 ESG 绩效的变化和趋势。各个行业长期评分水平较为接近，大部分行业分值在 50 左右，除了非银金融行业平均得分略高于 60，其余行业长期平均水平均在 40 ~ 60。可以认为，嘉实基金 ESG 评分体系评分在行业间的整体水平差异不大。

3.2.4　中央财经大学绿色金融国际研究院 ESG 评价体系

3.2.4.1　机构背景简介

中央财经大学绿色金融国际研究院（以下简称中财绿金院）ESG 数据库拥有国内领先的 ESG 数据，并拥有全球唯一的中国债券发行主体 ESG 评级，主要涵盖 ESG 数据、ESG 评级、ESG 评级报告、公募基金 ESG 评级、ESG 指数和 ESG 研报六大功能。2020 年，"环境与社会治理（ESG）绿色投资指南服务工具"荣获由国际金融论坛（IFF）发起的"2020 全球绿色金融创新奖"。研究团队与财政部、住建部、人民银行、中国证券业协会绿色证券委员会等部门密切联动，为政府部门开展 ESG 研究提供助力，共同开展课题研究工作，并向相关部门递交政策建议，助力经济社会高质量发展。此外，在 2020 年，研究团队的研究内容更加聚焦，在 ESG 信用、ESG 投资、行业 ESG 研究、环境压力测试等方面进一步深化，并积极开展研究成果的落地转化。2020 年，ESG 团队对 ESG 评价指标体系的建设也持续深入，逐步完善对公募基金、非上市发债企业与中小企业的 ESG 评价。同年 9 月，在"2020 中国金融学会绿色金融专业委员会年会暨中国绿色金融论坛"上，中财绿金院发布了国内首个本土化、系统性、普适性的"中国公募基金 ESG 评级体系"。

3.2.4.2　评价原则及方法

相对国内外传统 ESG 指标，中财绿金院 ESG 指标具有两大标志性特征：一是 E、S、G 三个维度都分别包含定性指标和定量指标；二是负面 ESG 风险的量化衡量。绿金院的 ESG 指标体系在评价企业 ESG 水平的同时，更强调企业的负面行为与风险，形成相应扣分项，统计上市公司的环保处罚、债务、违约、纠纷、毁约、拖欠、安全性、质量和违规方面信息，测量上市公司的环境风险、信用风险、劳务风险、产品风险和违规风险，综合而全面地评价上市公司 ESG 行为。数据来源于上市公司公开信息，信息来源主要是国家和各地方环保局对企业的环保处罚公告，各监管单位金融处罚公告以及环境、社会和治理三个维度的负面信息。

3.2.4.3　评价指标体系

中财绿金院 ESG 指标体系自上而下共包含三个部分：定性指标、定量指标、负面行为与风险。具体来看，包括三个一级指标：环境（E）、社会（S）和治理（G），22 项二级指标以及超过 160 项三级指标。此外，研究团队将所有上市公司的行业分为三类一级行业：制造业、服务业、金融业。制造业细分为 16 个二级行业，服务业细分为 12 个二级行业，金融业细分为 3 个二级行业。研究团队在每个行业的 ESG 评分表中根据行业特征设置了特色指标，关键指标会随行业特性进行调整。

环境指标方面，指标体系从定性指标上通过企业的绿色发展战略及政策、绿色供应链的全生命周期来判断其绿色发展程度，保证了那些注重绿色可持续发展但不是"节能环保产业"的企业得以入选，符合投资者追求产业多样化投资的需求。同时在定量指标上根据企业披露的污染物排放量、用水量、用电量，特别是绿色收入占比等数据，来衡量企业的绿色水平，确保了绿色收入占比高的相关行业得以入选，符合国家产业政策发展方向。社会指标方面，指标体系从定性角度关注上市公司的可靠性、慈善、扶贫、社区、员工、消费者和供应商等方面的信息。治理指标方面，既包含上市公司组织结构、投资者关系、信息透明度、技术创新、风险管理等定性指标，又加入包括财报品质、盈余质量、高管薪酬等反映公司治理能力的定量指标，从这些维度来综合判断上市公司的公司治理水平（见表 3.27）。

表 3.27 中财绿金院评价体系关键指标

一级指标	二级关键指标	定性/定量
环境	节能减排措施	定性
	污染处理措施	定性
	绿色环保宣传	定性
	主要环境量化数据	定量
	环境成本核算	定量
	绿色设计	定性
	绿色技术	定性
	绿色供应	定性
	绿色生产	定性
	绿色办公	定性
	绿色收入	定量
社会	综合	定性
	扶贫及其他慈善	定性
	社区	定性
	员工	定性
	消费者	定性
	供应商	定性
	社会责任风险	定量
	社会责任量化信息	定量

续表

一级指标	二级关键指标	定性/定量
治理	组织结构	定性
	投资者关系	定性
	信息透明度	定性
	技术创新	定性
	风险管理	定性
	商业道德	定性
	财报品质	定量
	盈余质量	定量
	高管薪酬	定量

资料来源：中央财经大学绿色金融国际研究院。

3.2.4.4 评价结果

中财绿金院的 ESG 评价结果为 A＋、A、A－、B＋、B、B－、C＋、C、C－、D＋、D、D－。该评估体系既考虑了国际投资者关注的重要指标，又具有典型的本土化特征，弥补了国际 ESG 评估体系并不完全适应中国市场需求的不足，但该评价体系定性的考核指标较多，严重依赖评价者对被评对象的熟悉程度和主观态度。

中财绿金院 ESG 数据库涵盖 2531 家上市公司、1752 家非上市债券发行主体，共计 4000 多家公司的 ESG 数据，其中包括了沪深 300 近八年的环境数据、中证 800 近四年的 ESG 数据、沪深港通部分样本公司以及科创板 142 家申报公司的 ESG 数据。同时，数据库还包括 2964 家债券发行主体的 ESG 评级，包括 1212 家上市主体（其中包括 509 家 AA＋及以上主体）和 1752 家非上市主体（其中包括 1542 家 AA＋及以上主体）。

基于中财绿金院的 ESG 评估方法学对沪深 300、中证 800 和全 A 股上市公司 2020 年的 ESG 表现进行评估。对于不同地区的上市公司，各地区间上市公司的 ESG 平均得分表现存在一定差距。上市公司 ESG 平均得分超出整体均值的省（自治区、直辖市）有 15 个，其中天津市、北京市和贵州省位列前三；ESG 平均得分低于整体均值的省（自治区、直辖市）有 17 个，其中黑龙江省、西藏自治区和宁夏回族自治区处于末位水平。

从各行业表现来看，2020 年各行业之间的 ESG 平均得分表现存在一定差距，并且在环境、社会以及治理层面上的表现参差不齐。全 A 股中 ESG 整体表现最为突出的三类行业分别为公用事业、工业和房地产，整体表现处于末位水平的三类行业分别为主要消费、可选消费和原材料。具体到 E、S 和 G 三个维度，各行业在环境和公司治理方面的差距较大，在社会责任层面各行业之间的表现差距较小，保持在相对稳定的水平。而原材料等行业则在 ESG 方面存在较多的风险暴露，整体 ESG 表现较差，亟须加强 ESG 能力建设。

对于不同类型的上市公司，ESG 平均得分排名前三的企业类型分别为中央国有企业、公众企业和地方国有企业，排名后三位的企业类型分别为集体企业、外资企业与民营企业，而这一表现也与各类型企业的社会责任报告披露情况相一致。具体到 E、S 和 G 三个维度，国有企业在环境、社会和公司治理层面的平均得分较其他类型的企业而言均较为突出。整体而言，各类型企业在环境和社会层面的表现差距较小，保持在相对稳定一致的水平；在公司治理层面的表现差距较大，其中集体企业在公司治理层面的得分处于末位水平，公司治理能力有待提升。

3.2.5　华证 ESG 评价体系

3.2.5.1　机构背景简介

上海华证指数信息服务有限公司（以下简称华证）成立于 2017 年 9 月，是一家面向各类资产管理机构的独立第三方专业服务机构，专业从事指数与指数化投资综合服务，已获得上海证券交易所、深圳证券交易所和香港交易所的指数编制行情授权。华证 ESG 评价数据具有贴近中国市场、覆盖范围广泛、时效性高等特点，目前 ESG 数据的应用场景包括 ESG 指数构建、投资组合风险管理、资管产品 ESG 评价、量化策略研发等各个领域，客户已经覆盖基金、保险、券商等各类金融机构。

3.2.5.2　评价原则及方法

华证 ESG 总体评价指标体系设计务实，计算定量有据，结合国内市场特点且借鉴国外经验，从而贴近国内市场需求。在权重赋予方面，根据我国上市公司及行业特点设计权重。其 ESG 评价体系存在较显著因子收益、个股风险预警与尾部风险规避效应，作为投资应用绩效显著。数据支持包括数据源覆盖、数据集成、质量评估、数据存储，由 AI 大数据引擎提供支持。数据来源包括传统＋另类数据，覆盖上市公司公开披露数据、上市公司社会责任及可持续发展报告等。同时包含华证特色数据，其中，基于机器学习及文本挖掘算法，爬取并处理政府及相关监管部门网站数据、新闻媒体数据等，构建 ESG 标准化数据库，每日更新，数据超过两千万条。

3.2.5.3　评价指标体系

华证 ESG 作为国内领先的 ESG 服务提供商，评价体系以 ESG 核心内涵和发展经验为基础，结合国内市场的实际情况，自上而下构建三级指标体系，具体包括一级指标 3 个、二级指标 14 个、三级指标 26 个以及底层数据指标超过 130 个，相较境外市场，融入了更多贴合国内当前发展阶段指标（信息披露质量、违法违规情况、精准扶贫等），同时剔除不适用、不可获取的指标，如表 3.28 所示。

表 3.28　华证指数 ESG 评价指数

一级指标	二级指标	三级指标
环境	内部管理体系	环境管理体系、低碳计划或目标、产品或公司获得外部认证、环境违法违规事件……
	经营目标	
	绿色产品	
	外部认证	
	违规事件	
社会	制度体系	上市公司社会责任质量报告、负面经营事件、扶贫、社会责任相关的捐赠、产品或公司获得外部认证……
	经营活动	
	社会贡献	
	外部认证	

续表

一级指标	二级指标	三级指标
公司治理	制度体系	关联交易、董事会独立性、资产质量、整体财务可信度、信息披露质量、上市公司及子公司违规违法事件 ……
	治理结构	
	经营活动	
	运营风险	
	外部风险	

资料来源：华证指数。

指标计算方法：每季度，根据我国上市公司及行业特点，基于 ESG 标准化数据平台的客观数据，进行数据清洗、缺失值填补、异常值处理等，计算 130 + 底层数据指标，生成 26 个 ESG 关键指标得分。同时进行人工核查，对于 26 个指标，进行行业、个股筛查，对由于计算、披露等问题造成的异常值进行判断、修正。根据计算完成指标进行权重设计，首先根据上市公司行业特点构建行业权重矩阵，并且实现对于不同行业适用不同指标体系，使 ESG 评价精细化。基于指标得分及权重矩阵，计算 ESG 评分及 "AAA ~ C" 的 9 档评价。评价完成后根据实时更新数据进行监控，对全市场 ESG 监控、扫描，及时识别 ESG 得分变动异常的上市公司，警示其 ESG 风险。

3.2.5.4　评价结果

根据《华证指数 ESG 跟踪》(2018)，A 股 ESG 评级表现总体优于上年同期，A 评级比重整体上升，BBB 评级比重明显下降，处于历史低位。除 BB 评级比重环比略有下降，各评级环比分布较稳定。ESG 评级为 "BBB ~ B" 的 B 级上市公司总数为 2204 家，占比最高，为 61.98%；A 级上市公司总数为 1303 家，占比 36.64%；C 级上市公司有 49 家，占比 1.37% (见图 3.16)。

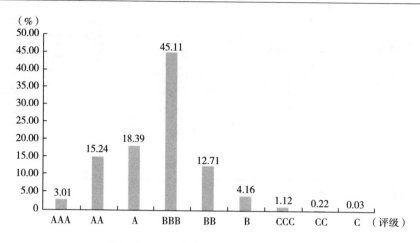

图 3.16　2018 年华证 ESG 评级分布情况

资料来源：华证指数。

3.2.6　润灵 ESG 评价体系

3.2.6.1　机构背景简介

润灵环球责任评级（Rankins CSR Ratings，RKS）是原润灵公益事业咨询研究与公众产品部，成立于 2007 年。润灵是中国企业社会责任权威第三方评级机构，致力于为责任投资者、责任消费者及社会公众提供客观科学的企业责任评级信息。RKS 的责任评级包括 ESG 评级（环境、社会责任、治理）、CSR 报告评级、社会责任投资者服务等。润灵环球（RKS）在上市公司社会责任报告评级、中国上市公司 ESG 可持续发展评级、社会责任投资者服务三大领域开展专业工作，自主研发了国内首个上市公司社会责任报告评级系统，并于每年年末召开 A 股上市公司社会责任报告高峰论坛，该论坛已成为上市公司社会责任领域的权威沟通平台。

3.2.6.2　评价原则及方法

润灵 ESG 评价（RKS ESG）是在已运行 10 年的润灵环球责任评价的基础上，参考国际国内主流 ESG 评价标准研发的产品。润灵 ESG 评价的核心目标是回应投资者关切，以 ESG 风险管理过程为核心，通过对评价对象的 ESG 风险管理过程和结果进行分析和评估，从管理规划、管理执行和管理绩效三个管理过程，对 ESG 风险管理过程能力进行量化评估，为中长期投资者提供量化的参考数据，同时为企业改善 ESG 管理提出方向。其中管理规划包括战略、方针或承诺、目标指标，管理执行包括日常管理程序、制度、管理方案（行动方案），管理绩效包括管理的结果、趋势和行业内比较。

润灵 ESG 评估标准中的指标均来源于国际或国内的法规要求、标准要求或相关指南，如国际公认的信息披露标准（如 GRI 等），国家法规要求，证监会的公司治理指引，上交所、深交所、联交所信息披露的要求等。各项 ESG 指标管理的有效性评估标准来源于国际国内的管理最佳实践、国际国内研究机构的研究成果或大数据分析，例如定量指标、定性指标、前瞻性指标会被赋予不同的分值。

评价的数据和信息来源于企业自主披露的 E、S、G 信息，主要来源于年报、企业社会责任报告（CSR）、公司章程、证监会指定的信息披露网站上的信息等。润灵 ESG 评价目前只提供反映企业 ESG 管理能力和信息披露程度的评价结果，没有将舆情信息等负面信息作为调整因子，调整评价最后结果，投资机构或个人可将润灵 ESG 评估结果作为基本参考，不作为投资决策依据。

3.2.6.3　评价指标体系

RKS ESG 评级从 E、S、G 三个维度进行评估，每个维度下面按行业特性，识别出投资者关注的关键议题。识别范围针对 GICS 68 个行业分类中的 56 个行业。每个关键性议题（除部分公司治理议题），按照管理过程评估其管理的有效性，即管理规划—管理执行—管理绩效，涉及 100 多个指标（见表 3.29）。其中：

- 管理规划包括：公司战略、管理方针和承诺、管理目标；
- 管理执行包括：日常管理的程序和制度、改进的方案和行动计划；
- 管理绩效包括：绩效、绩效的历史趋势、行业内排名和其他管理的输出；
- 按分配的权重，计算 E、S、G 的分别得分和总分。

表 3.29　润灵 ESG 评价指数

一级指标	二级指标	三级指标
环境	气候变化、废水排放、有毒有害气体排放、危险固体废弃物排放、尾矿排放、污水处理产生的污泥排放、包装材料、绿色金融产品、低碳产品、活动对环境的影响、供应链环境影响	尚未公开
社会责任	员工管理、人力资源管理、职业健康和安全、公益和慈善、社区影响、负责任投资、普惠金融、供应链员工管理、信息安全、产品安全和隐私保护	
治理	董事会有效性、高管薪酬、ESG 风险管理、商业道德	

资料来源：润灵环球责任评级。

3.2.6.4　评价结果

2020 年润灵 ESG 评价标准根据 2019 年第一期评价过程和结果的反馈以及香港联交所 ESG 报告指引新要求，调整、更新了评价标准，在公司治理维度上增加"ESG 风险管理"。同时，调整了个别行业的"关键议题"，更加重视供应链相关环境和员工风险，并对由新型冠状病毒引发的肺炎疫情风险进行评估，强调了医疗行业对院内感染的管理评估。采用国际信用评级通常采用的分级方法，将评级结果分为 7 级，分数 0 ~ 10 分，由低到高为 CCC、B、BB、BBB、A、AA、AAA。

根据《2020 润灵 ESG 评级报告》，2020 年润灵 ESG 评估仍然限定在中证 800 指数，成分股限于 2020 年 6 月证监会公布的中证 800 指数更新的名单。2020 年的评级结果明显好于 2019 年。有 16 家被评为 A 级，BBB 级公司增加 47%，BB 公司增加 17%，B 级增加 13%，CCC 级公司减少 23%。16 家被评为 A 级的公司中 15 家都是来源于金融机构，如保险、银行和证券公司。2019 年，绿色金融（绿色债券、绿色贷款）、普惠金融业务也得到了更好的发展。同时，润灵 ESG 评价增加了"ESG 风险管理"关键议题，对大多数金融行业的公司也是加分项（见图 3.17）。

2020 年评级结果中，CCC 级别占比达到 36%，尤其在电子行业、信息技术服务行业、半导体及设备行业、航空航天行业、纺织以及零售行业、酒店餐饮等行业，CCC 级别公司占比超过 50%。金融行业的 BBB 级及以

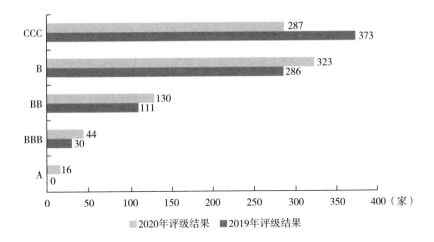

图 3.17　2019～2020 年润灵 ESG 评级结果对比

资料来源：润灵环球责任评级。

上级别企业明显高于其他行业。对比 2019 年、2020 年 ESG 评级结果，机械、银行、市政基础设施、电器设备制造、石油天然气、资本市场服务、汽车制造等七个行业的改善均在 20%～30%，其余 19 家公司的改善在 15%～20%（见图 3.18）。

3.2.7　中国证券投资基金业协会 ESG 评价体系

3.2.7.1　机构背景简介

中国证券投资基金业协会成立于 2012 年 6 月 6 日，是依据《中华人民共和国证券投资基金法》和《社会团体登记管理条例》，由国家民政部报国务院批准成立，在国家民政部登记的社会团体法人，是证券投资基金行业的自律性组织，接受中国证监会和国家民政部的业务指导和监督管理。中国证券投资基金业协会的 ESG 评价体系充分考察了国内外现有研究成果和指标框架，初步建立了符合中国国情和市场特质的核心指标，旨在提升投资中的道德要求，改善投资者长期回报，促进资本市场和实体经济协调健康发展，进而维护股东权益，为我国 ESG 评价体系提供借鉴和参考。

行业	A	BBB	BB	B	CCC
制药	0	3	7	27	25
金属和矿业	0	0	17	27	12
电子设备、仪器和元件	0	0	4	17	27
化工	0	0	5	23	18
资本市场	7	6	11	15	2
机械	0	0	4	17	17
银行	5	12	10	4	0
房地产	0	2	0	20	15
信息技术服务	0	0	3	9	16
电气设备制造	0	1	6	8	13
食品	0	0	4	5	12
石油、天然气	0	3	5	4	8
建筑工程	0	0	8	6	7
天然气供应	0	3	5	4	8
电力公司	0	0	6	7	5
娱乐行业	1	0	0	9	6
半导体设备	0	0	3	2	7
市政基础设施	0	1	3	6	5
汽车零配件	0	0	0	7	7
家用电器	0	0	1	8	4
软件	0	0	0	8	5
媒体	0	1	3	7	2
工业企业集团	0	1	1	6	4
汽车制造	0	2	5	2	3
建筑材料	0	1	3	6	1
航空航天和国防	0	0	0	3	7
通信设备	0	1	1	4	4
商业服务和物料供应	0	0	2	6	2
综合零售	0	1	0	3	5
零售	0	1	0	3	5
公路铁路物流	0	0	2	5	1
纺织、服装和奢侈品	0	0	0	1	7
专业零售	0	1	0	1	5
贸易和分销	0	0	1	5	1
卫生保健服务	0	1	2	3	1
保险	3	2	0	2	0
综合金融服务	0	0	2	3	2
技术硬件存储和外设	0	0	0	4	3
航空公司	0	3	1	0	2
容器和包装	0	0	1	2	3
酒店、餐厅和休闲	0	0	0	1	4
分销商	0	0	0	3	2
海运	0	2	1	1	1
综合公共服务	0	0	0	2	3
水务公司	0	0	1	3	0
互动媒体	0	0	0	1	3
纸制品和林产品	0	0	1	1	2
生物技术	0	0	0	1	2
综合电信	0	0	1	1	1
卫生保健设备	0	0	0	3	0
个人用品	0	0	1	0	1
综合消费服务	0	0	0	2	0
空运物流	0	0	1	0	0
无线通信服务	0	0	0	1	0
专业服务	0	0	0	0	1
综合资本	0	0	0	0	0

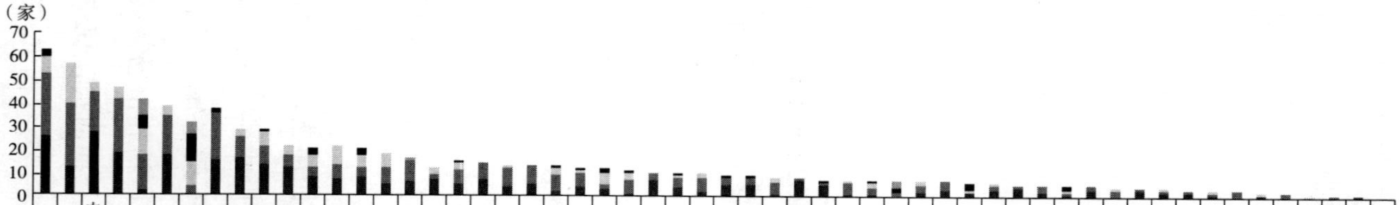

图 3.18　2020 年各行业 ESG 评级结果分布

资料来源：润灵环球责任评级。

3.2.7.2　评价原则及方法

该体系进行了国内外比较研究，通过实证研究的方法，利用上市公司主动披露的年报以及企业社会责任报告、政府部门公告、相关研究结果和新闻报道，针对全样本上市公司进行指标测试。其研究具有以下特点：①注重研究结果的政策导向，尽量克服市场研究缺陷；②国际经验和中国特点相结合；③研究力求全面深入；④尽量简洁、可操作性强；⑤提高评价指标体系的可用性。

3.2.7.3　评价指标体系

中国证券投资基金业协会的 ESG 评价体系包含对 ESG 正负两个方面信息的关注。正面指标和负面指标结合，以正面指标为主，负面指标作为调整指标，通过负面指标降档的方式增加区分度。其中，在正面信息方面，环境指标重点强调企业的绿色增长（包括绿色投入情况、绿色研发情况、节能计划、资源使用效率等）；社会指标重点强调企业在创造利润、对股东和员工承担法律责任之外，还要承担对消费者、社区和环境的责任；治理指标重点强调公司治理是否最终达成利益相关者的共同治理。在负面信息方面，环境指标重点强调能源消耗量、污染成本、碳排放等情况，以及企业的重大环保违规事件；社会指标重点强调产品质量和安全、员工职业健康受损、贪腐和欺诈、客户投诉等情况；治理指标重点强调包括大股东变现、高管离职、关联交易、违规处罚等情况。基于以上指导思想，该评价指标体系对三大类指标（环境、社会、治理）设置了 16 个二级指标以及 58 个三级指标（见表 3.30）。

表 3.30　中国证券投资基金业协会的 ESG 评级指数

一级指标	二级指标	三级指标	指标释义
环境	整体环境风险暴露程度	行业环境风险暴露	衡量不同行业的环境风险敏感程度，如"两高"和环保行业具有更高的环境敏感度
		企业环境风险暴露	衡量个体企业的环境风险敏感程度，如以往受到环保处罚的企业有更高的敏感度
	环境信息披露水平和质量	可及性	衡量利益相关者是否能够方便、低成本地获取企业充分的环境信息披露内容

一级指标	二级指标	三级指标	指标释义
环境	环境信息披露水平和质量	可用性	衡量利益相关者是否能够获得对其决策产生重要影响的关键环境信息
		可靠性	衡量企业环境信息披露内容是否值得信赖
	企业环境风险管理绩效——负面情况	污染物排放	衡量企业主要污染物排放水平的数据指标，如主要污染物指标（大气、水、土壤、固体废物等）低于一个特定基准值（如同业平均水平、相关国家标准），则应给予更高得分
		能耗指标	衡量企业能源消耗量的数据指标，如万元产值综合能耗。如果企业能耗指标低于一个特定基准值（如同业平均水平、相关国家标准），则应给予更高得分
		碳排放强度	衡量企业碳排放强度的数据指标，如果企业碳排放指标低于一个特定基准值（如同业平均水平、相关国家标准）则应给予更高得分
	企业环境风险管理绩效——正面情况	节能增效情况	衡量企业在节能环保、提高资源循环利用效率等方面取得的进展。如节水节电情况、使用绿色建筑情况等
		绿色业务发展状况	衡量企业绿色业务取得的成绩，如绿色收入、绿色业务规模、可再生能源等占据整个收入、业务规模、能源供给总量中的比重。如果企业绿色业务占比高于一个特定基准值（如同业平均水平），应给予更高得分
		绿色研发和投资情况	衡量企业绿色业务的未来发展潜力，如绿色研发支出、绿色投资支出占整个研发支出、投资支出的比重。如果企业绿色研发和投资占比高于一个特定基准值（如同业平均水平），则应给予更高得分
社会	股东	股东回报	全面摊薄净资产收益率 = 报告期净利润/期末净资产
		中小股东回报	现金分红率 = 支付现金股利/归属于上市公司股东利润
	员工	员工待遇	人均薪酬 = 应付职工薪酬本年增加/员工人数；员工薪资相对行业水平的倍数

续表

一级指标	二级指标	三级指标	指标释义
社会	员工	员工发展	员工培训时间、人数及投入资金
		员工安全	员工安全和保护制度与措施；员工伤亡和重大财产损失事故；因工伤损失工作日数
		雇佣关系	劳动合同签订率/"五险一金"覆盖率职业健康和安全（休假比例）；劳动关系处理机制和结果（员工申诉率和申诉处理情况，员工满意度调查等机制）；女性员工比例
	客户和消费者	产品和服务质量	产品质量管理体系；产品和服务安全性的广告和使用说明；客户对产品和服务的满意度；客户对产品和服务的投诉率；是否发生危害客户和消费者健康的重大产品安全事故
		隐私保护	客户信息管理体系是否健全；是否发生泄露消费者信息事故
	上下游关系、债权人和同业	债务和合同违约	公募债券违约或贷款、信托产品违约
			诉讼仲裁判定负有责任的合同违约
		企业信用关系	应收账款周转率＝营业收入/［（期初应收账款额＋期末应收账款额）/2］
			应付账款周转率＝营业成本/［（期初应付账款＋期末应付账款）/2］
		公平竞争	公平竞争政策和制度；是否有违法公平竞争行为
		供应商	供应链/供应商管理的制度和措施
	宏观经济和金融市场	经济和金融风险	资产负债率*** （房地产企业用净负债率、银行用资本充足率、证券公司用资本杠杆率）
			上市公司股权质押比例
			商誉值比上年减少比例
		经济发展和转型	研发强度＝研发费用/营业收入*
			技术人员占比；硕士以上员工占比
			营业收入本期末比上期末的增长百分比
			加入地区及行业组织；参与政策法规和行业标准制定

续表

一级指标	二级指标	三级指标	指标释义
社会	宏观经济和金融市场	金融行业特定指标	银行用不良贷款率，证券和信托公司用风险覆盖率，保险公司用偿付能力充足率
	政府和公众	税收	人均税收 =（税金及附加 + 所得税）/员工人数
		就业	员工人数
		公益支出和扶贫	公益支出、捐赠、支教、志愿者活动；扶贫（投入资金合计/设立扶贫产业基金/实施扶贫投资项目/帮助建档立卡贫困人口）
		公共安全**	安全事故处理机制；危险品仓储、使用管理；危害公共安全的重大事故；是否发生群体性事件（罢工、上访等）
		企业信用	是否被列入发改委失信名单（失信被执行人、重大税收违法案件当事人名单、政府采购严重违法失信名单）
		法律和合规	是否有完善的反腐败制度措施（贪污、贿赂、欺诈等）；法院做出终审判决或裁定承担责任；是否受到政府有关部门处罚，包括金融监管部门、发改、环保、食药监、物价、安监、税务、财政、工商等
		金融行业特定指标	普惠金融的战略、机构、机制和绩效；金融科技的战略、机构、产品和投入
治理	公司战略管理	ESG 战略理念	重点考察公司战略中是否包括了新发展理念、企业可持续发展、社会责任、ESG 等相关因素
		ESG 战略管理	重点考察公司是否设立推进 ESG（或社会责任）相关战略的组织机构和具体制度等
		商业战略影响	考察商业战略在实施过程中对环境和社会问题的影响
		风险管理战略	风险管理组织、沟通协调机制是否在公司战略中有体现，对内部监督是否有完整机制；风险管理上对合规性和审慎性的考虑
	董事会治理	董事会结构	执行董事、非执行董事及独立董事、专家占比
		非执行董事占比	非执行董事对执行董事起着监督、检查和平衡的作用

续表

一级指标	二级指标	三级指标	指标释义
治理	董事会治理	独立董事占比	包括在董事会中占比、在不同的委员会中占比等
		独立董事作用	是否具有独立性，是否具备适当专业资格；参加决策情况的具体考察
		董事会作用	董事带有意见的表决或弃权
	公司治理结果	现金分红率（包含自由现金分红率）	每股现金分红额/每股利润，衡量对投资者（中小股东）的回报能力
		资本回报率ROIC	衡量公司的发展前景、管理层的盈利能力
		利息保障倍数	息税前利润/利息费用，衡量公司财务杠杆，对债权人债务偿付能力，即债务安全性
	公司治理异常	大股东变现（增持减持的合并数）	公司大股东过去 12 个月变现情况，考察利益冲突情况
		高管变现（增持减持的合并数）	公司高管过去 12 个月的变现情况，考察利益冲突情况
		高管离职率	离职人数/当年经理人数，考察管理层的稳定性
		非经常性损益比例	考察主营业务能力，重点关注会对上市公司经营造成不稳定预期，仅带来一次性收益等行为，如变卖原有资产与主营业务不相关资产，过度依赖出售子公司股权来获利的行为占比
		关联交易	大股东关联交易占收入和成本比例，考察利益冲突情况
		控制权变更	上市公司控制权动容易导致上市公司治理不稳定（回应新的上市公司治理准则）
	公司治理监督	监事会作用	监事会意见采纳率，质询、提议次数等
		违规情况	考察上市公司合规运营情况，对被中国证监会、上交所、深交所开过罚单（行政处罚）或公开批评、谴责的上市公司实行降档降级（其他负面信息的减分项在社会部分体现，此处不再重复涉及）

续表

一级指标	二级指标	三级指标	指标释义
治理	公司治理监督	年报审计意见	根据是否被出具非标准审计报告等审计意见，关注上市公司财务造假问题，借助外部监督改善财务质量
	公司治理透明度	信息披露机制	年报中是否有针对信息披露的详细描述
		强制披露	考察真实性、完整性、及时性
		自愿披露	社会责任报告、ESC，披露的完整性
		信息披露质量	根据上交所、深交所信息披露评价的 A、B、C、D 四类结果，考察公司治理信息披露质量。重点考察是否因信息披露受罚

注：标∗指标，对战略性新兴行业给予更高权重。标∗∗指标，对高安全风险暴露行业给予更高权重。标∗∗∗指标，对一般行业、房地产、金融行业上市公司分别设定计算指标，在行业内进行排序。

资料来源：中国证券投资基金协会。

3.2.7.4 评价结果

上市公司环境信息披露质量评价的数据主要来源于上市公司自身披露的信息。此外，指标"企业环境和气候变化风险披露"和"第三方专家鉴证评分"的数据来源于非企业自身披露的信息。将上市公司环境信息披露质量的评级结果共分为四类：A 类、B 类、C 类和 D 类。A 为优秀类，B 为正常类，C 为关注类，D 是不合格类。其中，评级为 A 类的上市公司 777 家，占比 21.81%；B 类 1818 家，占比 51.04%；C 类 842 家，占比 23.64%；D 类 125 家，占比 3.51%。得分前 100 家上市公司中，金融业、房地产业、战略性新兴产业、ESG 高风险行业、传统行业分别为 27 家、8 家、32 家、13 家和 20 家。战略性新兴产业类上市公司虽然达到 32 家，但占全部战略性新兴产业类上市公司比重仅为 2.5%。金融类上市公司比重高，主要原因是 ESG 理念在金融业中的接受度较高，证券公司、大型银行及保险公司普遍重视环境信息披露（见图 3.19）。

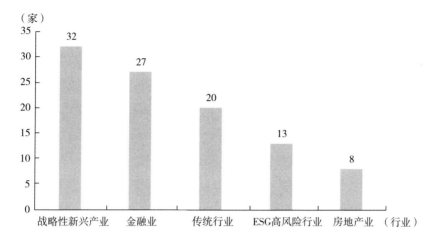

图 3.19　环境信息披露质量前 100 家上市公司的行业分布

资料来源：中国证券投资基金协会。

　　根据关键指标和辅助指标计算得到上市公司社会责任的评价结果。所有上市公司分为 A、B、C、D 四档（类）：A 为优秀类，B 为正常类，C 为关注类，D 是不合格类，分别占比为 20%、60%、15%、5%。按照这一标准，全部样本 3562 家上市公司中，各类上市公司数量分别为 713 家、2137 家、534 家和 178 家。评分前 100 家上市公司中，金融业 14 家，房地产业 3 家，战略性新兴产业 40 家，ESG 高风险行业 8 家，传统行业 35 家，分别占所在行业上市公司总数的 15.40%、2.60%、3.20%、2.70% 和 2.00%。金融业进入前 100 家公司数量在所在行业占比最高，表明银行、保险、证券等主流金融机构的头部公司较好地履行了社会责任，战略性新兴产业数目最多，占比也高于平均值 2.81%（见图 3.20）。

　　根据上市公司治理总得分情况划分 A、B、C、D 四类上市公司层次，A 为优秀类，B 为正常类，C 为关注类，D 是不合格类。从综合评价结果来看，金融业上市公司明显表现较好，战略性新兴产业和房地产业得分最低。评分前 100 名上市公司中，金融业 5 家，房地产业 1 家，战略性新兴产业 32 家，ESG 高风险行业 6 家，传统行业 56 家（见图 3.21）。

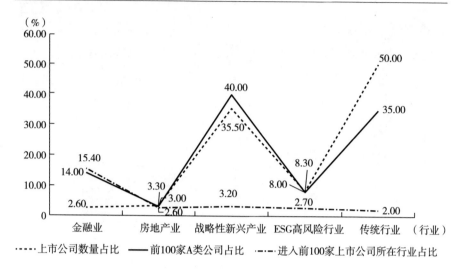

图 3. 20　上市公司社会责任评价在各行业的数量占比

资料来源：中国证券投资基金协会。

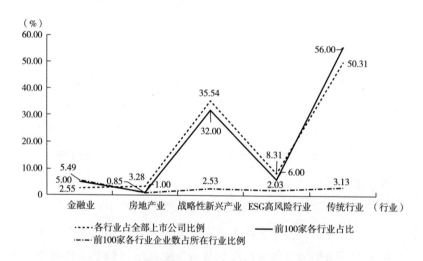

图 3. 21　前 100 家上市公司各行业占比情况分析

资料来源：中国证券投资基金协会。

目前国内 ESG 仍处于发展初期，存在一定的不足：第一，目前大部分机构 ESG 评级对象为上市公司，缺少对非上市公司的关注，无法满足投资者对全市场覆盖的需求。第二，在评级体系的指标设定上，国外评价指标的构建往往基于大量基础数据资料，有较主流的指数评级机构及相应庞大的研究团队及数据库支持，评价指标设定偏定量化，而国内 ESG 指标体系由于缺少充足的 ESG 信息披露制度支撑，此外也缺乏有组织、有规模的机构来主导建立一套标准、成熟、应用广泛的指标体系，因此具有评价过程不透明、指标设定偏定性、评价方法偏主观的特点。第三，从数据库更新频率上，例如汤森路透每两周对 ESG 数据库进行一次更新，包括对新上市公司的考核纳入，最近一期财务数据及近期争议项事件的更新，ESG 评级分数的重新调整计算等，而国内目前由机构构建的 ESG 评级数据及结果通常更新频率较低，目前更新频率较高的是嘉实基金 ESG 评价体系，数据采取月度更新，以及华证 ESG 评价体系，数据采取季度更新。第四，从评价体系的应用和推广方面，商道融绿 ESG 评级数据正式登陆彭博终端，成为首家数据登陆彭博终端的中国本土 ESG 评级机构；嘉实基金与彭博合作，使用彭博巴克莱指数开发新产品；商道融绿、华证指数、社投盟、嘉实基金与万得（Wind）合作，在 Wind 金融终端发布 ESG 评级；新浪财经 ESG 频道引入社投盟评级数据；博时中证可持续发展 100ETF 基于社投盟长期可持续发展研究提供的成果和数据，由博时基金发行，并采用完全复制法追踪中证可持续发展 100 指数；证券时报创新医药部携手润灵评级发布《证券时报 - 润灵评级医药行业上市公司 ESG 评估报告》；保尔森基金会绿色金融中心与北京绿色金融与可持续发展研究院共同发布的《金融科技推动中国绿色金融发展：案例与展望（2021年）》报告中，将嘉实基金 ESG 评分系统作为经典案例深入剖析。总体来看，国内评级机构 ESG 评价体系的应用尚处于初级阶段，推广仍需加强。此外，国内 ESG 评级情况除各家商业机构网站本身外，也缺少有效的信息公开及传播渠道。

第4章 国内外评价体系的比较

环境、社会和治理（ESG）评级提供者已经成为有影响力的机构。已有合并资产超过 80 万亿元的投资者签署承诺，将 ESG 信息纳入其投资决策。许多机构投资者期望公司管理 ESG 问题，并监测其持有的 ESG 业绩。可持续投资正在快速增长，根据 ESG 评级进行投资的共同基金也获得了相当大的流入。由于以上这些趋势，越来越多的投资者依赖 ESG 评级来获得对公司 ESG 业绩的第三方评估。也有越来越多的学术研究依赖 ESG 评级进行定性分析和实证分析。本章通过系统梳理国内外主流 ESG 评价机构的评价体系和评估结果，分析讨论主流 ESG 评价机构的发展现状和特色之处，以期为我国 ESG 评价体系的构建提供借鉴经验。

4.1 国外评价体系的比较

ESG 主要作为投资策略和评估标准盛行于欧洲、北美等地区。在全球经济复苏放缓，地缘政治与贸易摩擦仍然持续的情况下，需要重点关注 ESG 相关因素带来的风险。而 ESG 评级能够帮助投资者识别 ESG 风险，优化投资决策；同时也督促企业承担环境、社会及治理的责任，树立可持续发展的理念。本节运用定性和定量比较分析方法，分析国外六家主流评级机构的指标设计、数据来源、相关性以及准确度等核心问题，探讨 ESG 评级在欧美等发达地区企业健康发展中发挥的关键作用。

4.1.1　定性比较

ESG 评级日益影响财务决策，对资产价格和公司政策也可能产生深远影响。然而，来自不同供应商的 ESG 评级存在较大差异，由于技术原因和社会背景的不同，公司为提高 ESG 评级水平，倾向于选择公司存量偏好环境、社会以及治理的评级机构进行 ESG 评级。根据国外主要机构构建的 ESG 评价体系（KLD、MSCI、Sustainalytics、汤森路透、富时罗素和标普道琼斯），表 4.1 列示了国外 ESG 评价体系的对比情况。

表 4.1　国外主要 ESG 评价体系对比

评价体系	一级指标	二级指标	三级指标	数据来源	评价体系特点	评估主体
KLD	3	10	—	公司披露信息；对上市公司进行调查研究	①赋值方式简易：通过简单的 0、1 打分方式，评价企业对利益相关者承担责任与否；②计算每个一级指标得分，企业的优势与劣势一目了然	
MSCI	3	10	37	公开信息（公司年报、网站披露、政府及第三方机构、媒体报道）	①按照 0～10 分，根据企业在每个关键指标表现打分；②权重的确定是根据指标对于行业的影响程度和影响时间进行确定；③单独给出公司在治理（G）维度的分位数排名	超过 14000 家股票和固定收益发行人，与超过 60 万家股票和固定收益证券相关

续表

评价体系	一级指标	二级指标	三级指标	数据来源	评价体系特点	评估主体
Sustainalytics	—	—	—	—	①主要依靠近 200 人的专家团队进行打分，被评分公司有申诉权利；②建立受争议问题评估系统，实时识别和监控标的公司涉及的 ESG 相关问题和事件，按严重程度分为 5 档；③展望评估，用来评估情况是变糟或好转	ESG 评分涉及全球超过 4500 家公司 受争议问题评估系统覆盖超过 10000 家有争议的问题公司
汤森路透	3	10	178	公开信息（公司年报、社会责任报告、网站披露、媒体报道）	①ESG 评分分为两步：第一步是 178 项关键指标打分后按照一定权重加总；第二步是根据 23 项 ESG 争议性话题对企业进一步评分，并对第一步的 ESG 得分进行调整；②评级采用分位数排名打分法	全球 6000 多家上市公司
富时罗素	3	14	300	公开信息，主要来自公司提供文件	通过 FTSE 罗素绿色收入低碳经济（LCE）数据模型对公司从绿色产品中产生的收入进行界定与评测，并作为对公司 ESG 中 E（环境）维度的打分依据之一	全球数千家公司，中国 A 股覆盖 800 家，上市公司覆盖 1800 家
标普道琼斯	3	12	—	SAM 可持续发展评估（CSA）	①指标权重因行业不同，每年根据主题对行业的重要性进行评估；②数据来源为调查数据，而非公开信息，每年 3 月根据规模、地区和国家向公司发出 CSA 调研请求	收到反馈的可持续发展评估报告的公司

（1）从一级指标、二级指标和三级指标来看。六家 ESG 评级机构的一级指标主要围绕环境、社会和治理设计评价体系；在一级指标基础上，二级指标的数量在 10 ~ 14 个不等；三级指标作为最具体化和细致化的评价指标，落实到公司的真实 ESG 发展情况。由于不同评价机构对公司环境、社会和治理信息的界定及度量存有概念的模糊性，三级指标设计存在较大差异。同时，由于 ESG 评价受到公司数据提供者和 ESG 评级机构本身背景和目标的影响，ESG 评价结果也可能存在较大差异。

（2）从数据来源来看。六家 ESG 评级机构的主要数据获取渠道包括：公司披露信息；上市公司调查研究、公开信息（公司年报、网站披露、政府及第三方机构、媒体报道）、社会责任报告、SAM 可持续发展评估（CSA）以及其他来自公司提供的文件。根据数据可获得性、真实性、连贯性等要求，EGS 评级机构较多选取二手调查信息作为 ESG 评价来源，由于不同 ESG 评级机构的数据选取来源存在差异，最终也可能导致 ESG 评价结果的差异性。此外，大部分评级机构在收集并整理信息的基础上，会与企业沟通，进行信息确认与补充。如富时罗素会与企业就每个指标的分析结果进行沟通及信息补充。MSCI 通过与企业沟通进行数据质量管理，企业可对数据和信息进行更新及改正。

（3）从评价体系特点来看。KLD、MSCI、Sustainalytics 和汤森路透主要选取打分法作为主要评价方式，在对关键指标打分并确定权重的基础上，进一步对 ESG 评分排序，不仅可以根据环境、社会和治理某一具体方面进行分位数排名，还可以对 ESG 总体得分排名，根据排名可以直观看出公司在环境、社会和治理以及 ESG 总体表现的优势与劣势。富时罗素和标普道琼斯则是采用 LCE 数据模型或行业权重法等方式对公司公开信息或调查数据进行评估打分，进而获得公司 ESG 评价结果。此外，各评级机构侧重不同，形成多元的评价维度，囊括了企业层面的战略和计划，包含政策、组织、战略、系统、绩效等。

（4）从评估主体来看。六家 ESG 评级机构作为国际性的 ESG 评价体系，在 ESG 投资驱动下，全球范围内对 ESG 评级内生动力较强，各评级机构通过体系化的评价标准和规范框架，覆盖全球范围多个国家的上市公司。如汤森路透覆盖全球 6000 多家公司；富时罗素覆盖全球 25 个交易所，98% 可投资证券市场；MSCI 则是与超过 60 万家股票和固定收益证券相关。

4.1.2　定量比较

ESG 评级最初出现于 20 世纪 80 年代，作为投资者筛选公司的一种方式，不仅限于财务特征，而且还包括与社会和环境绩效相关的特征。最早的 ESG 评级机构 Vigeo Eiris 于 1983 年在法国巴黎成立，Vigeo Eiris 的产品和能力均以 ESG 评估和广泛的 ESG 数据库为基础，致力于提供专门的研究与决策工具，帮助客户进行可持续且合乎道德规范的投资。五年后 KLD 在美国成立。虽然最初服务于高度专业化的投资者客户，但 ESG 评级市场在过去十年中急剧扩张，目前已达到 600 余家。ESG 评级机构为投资者提供了一种方法，以类似的方式筛选公司的 ESG 表现，并进一步通过信用评级筛选公司的信誉。然而，ESG 评级和信用评级之间至少还存在两个重要的差异。一方面，虽然信用评价被相对明确地定义为违约概率，但 ESG 评价的定义却不那么明确，它是一个基于多样化和不断发展的价值观的概念。因此，ESG 评级机构提供的服务的一个重要部分是解释 ESG 评价的含义。另一方面，虽然财务报告标准在过去一个世纪已经成熟和趋同，但 ESG 报告仍处于起步阶段。在 ESG 披露方面仍存在着相互竞争的报告标准，而且几乎没有任何报告是强制性的，这给了公司关于是否报告以及报告内容的一定自由度。因此，ESG 评级通过收集和汇总来自不同来源和报告标准的信息为投资者提供服务。这两者差异解释了为什么 ESG 评级之间的差异比信用评级之间的差异要明显得多。为进一步探究 ESG 评级的差异性和权威性，本节选取目前主流的六家 ESG 评价机构：MSCI、KLD、Sustainalytics、Vigeo Eiris（Moody's）、RobecoSAM（S&P Global）、ASSET4（Refinitiv）。表 4.2 提供了国外主要 ESG 评级的描述性统计分析，数据选取的基准年度为 2017 年，共包含 924 家公司的共同样本。根据六家 ESG 评价机构的平均数和中位数较高可得出，当前大多数 ESG 评价机构倾向于对 ESG 表现较好的企业进行跟踪评级，而较为通用的 MSCI 和 KLD 评价标准更为严格，比如分别着重于环境、社会、治理中的某一因素而不是对企业整体 ESG 情况进行评估。

表 4.2　国外主要 ESG 评级描述性统计分析

	MSCI	KLD	ASSET4	Vigeo Eiris	RobecoSAM	Sustainalytics
样本量（家）	924	924	924	924	924	924
平均数	5.18	2.56	73.47	34.73	50.49	61.86
标准差	1.22	2.33	23.09	11.31	20.78	9.41
最小值	0.6	−4	3.46	6	14	37
中位数	5.1	2	81.48	33	47	62
最大值	9.8	12	97.11	66	94	89

近年来，ESG 评价机构数量增长迅速，与 ESG 评价机构数量众多相对应的，是 ESG 评价结果的低相关性，据统计平均相关性仅达到 0.3（Liang & Renneboog，2020）。表 4.3 是目前主流的六家 ESG 评价机构的评价结果相关性系数，从评级机构和指数的结果来说，即使是国际上的大机构，其评级也会出现不同的结果，其 ESG 评价结果的相关性也不高，总体在 0.38 到 0.71 不等，平均仅达到 0.54 左右（Berg et al.，2020）。主要由于 ESG 评级机构的评估过程的标准化程度不够，评级公司采取的不同评级数据和评级方法会带来不同的结果。另外，ESG 理念不仅局限于财务和环境领域，而且也注重外部影响，而外部影响评估标准很难统一，各机构在评价过程中存在主观判断。此外，评级机构的信息主要来自公司披露的信息，辅以问卷调查和其他公开可用的信息，但公司披露的信息及公开可用的信息并不能保证真实地表达企业的情况，这些最终均会影响评级结果的可信度。

表 4.3　国外主要 ESG 评级相关性系数

	MSCI	KLD	ASSET 4	Vigeo Eiris	RobecoSAM	Sustainalytics
MSCI	1.00	0.53	0.38	0.42	0.38	0.46
KLD		1.00	0.42	0.49	0.44	0.53
ASSET 4			1.00	0.69	0.62	0.67
Vigeo Eiris				1.00	0.70	0.71
RobecoSAM					1.00	0.67
Sustainalytics						1.00

注：表中系数为 Pearson 相关系数。

资料来源：Berg F, Koelbel J F, Rigobon R. Aggregate Confusion：The Divergence of ESG Ratings ［Z］. Available at SSRN 3438533, 2020 – 05 – 17.

4.2　国内评价体系的比较

近年来，ESG 发展理念与投资浪潮在全世界范围内逐步兴起，越来越多的金融机构开始评估环境、社会和治理风险对企业财务绩效和战略管理的影响，世界多国监管方也开始以企业 ESG 信息披露为抓手，推动上市公司提升 ESG 发展水平。从中国市场看，ESG 投资起步虽晚，但成长速度较快。泛 ESG 指数、泛 ESG 公募基金产品的数量和规模逐年上升。ESG 优选类主动型基金超过 40% 于近一年内成立，增量显著。从存量看，ESG 投资仅占股票型和混合型基金的 2%，相比欧美地区的 20% ~ 30% 规模水平，我国 ESG 投资市场的潜力有待挖掘。

4.2.1　定性比较

2020 年至今，中国政府和监管机构出台了一系列有利于 ESG 发展的战略和政策，例如提出"碳中和"目标、出台绿色金融政策、强化上市公司高质量发展等，促进国内市场 ESG 体系的进一步完善。可以看出，未来我国 ESG 发展将成为资本市场改革的重要抓手，金融对外开放的重大实践以及认真落实"十四五"规划的必由之路。本节根据国内主流机构构建的 ESG 评价体系（商道融绿、社会价值投资联盟、嘉实基金、中央财经大学绿色金融国际研究院、华证、润灵和中国证券投资基金协会），分析梳理国内 ESG 评价发展现状，表4.4 列示了国内 ESG 评价体系的对比情况。

表 4.4　国内主要 ESG 评价指标体系对比

评价体系	一级指标	二级指标	三级指标	数据来源	评价体系特点	评估主体
商道融绿	3	13	200 +	正面信息主要来自企业自主披露；负面信息来自企业自主披露、媒体报道、监管部门公告、社会组织调查等	①指标体系分为通用指标和行业特定指标，对照国内法规、标准及最优实践进行评估；②建立负面信息监控系统，根据严重程度及影响进行评估；③根据行业的 ESG 实质性因子对指标赋予不同权重	沪深300（2015 ～ 2019 年）和中证 500（2018 ～ 2019 年）
社会价值投资联盟	3	9	28	公开信息（包括公司年报、社会责任报告、政府部门以及第三方机构公告等）	①建立"三A""三力"评估架构；②评估模型包含筛选子模型和评分子模型，筛选子模型是社会价值评估的负面清单，若评估对象进入负面清单，则无法进入下一步评分子模型；③评价机构为公益组织	沪深300

续表

评价体系	一级指标	二级指标	三级指标	数据来源	评价体系特点	评估主体
嘉实基金	3	8	23	主要为公开定量数据；同时采用 NLP 等人工智能技术从各级政府和监管信息发布平台、新闻媒体、公益组织、行业协会等网站捕捉动态、非结构化数据	①多采用量化数据，最小化主观性评判；②只有评分，没有评级；③提供月度 ESG 评分数据，时效性高	A 股上市公司
中央财经大学绿色金融国际研究院	3	22	160	公开信息（其中负面信息来源主要是国家和各地方环保局对企业的环保处罚公告以及监管单位金融处罚公告）	①ESG 三个维度都包含定性指标和定量指标；②负面 ESG 风险的量化衡量，形成扣分项；③添加了扶贫等本土化指标	所有上市公司
华证	3	14	26	主要为公开数据；基于机器学习及文本挖掘算法，爬取政府及相关监管部门网站数据、新闻媒体数据等	①融入中国国情，添加扶贫等本土化指标；②剔除数据不可得指标，设计务实，计算定量有据；③爬取的结构化数据每日更新	A 股上市公司
润灵	3	26	100＋	企业自主披露信息（主要为公司年报、社会责任报告、公司章程等）	①以已运行 10 年的润灵环球责任评级（RKS）为基础建立；②增加了新冠肺炎疫情等风险评估	中证 800
中国证券投资基金协会	3	13	44	公开信息	指标体系包括正面指标和负面指标，以正面指标为主，负面指标作为调整和降档指标	A 股上市公司

（1）从一级指标、二级指标和三级指标来看。七家 ESG 评级机构的一级指标主要围绕环境、社会和治理设计评价体系；在一级指标基础上，二级指标数量在 8~26 个不等，相比于国外主要 ESG 评价体系，更加结合我国公司发展现状，更为准确；三级指标作为最具体化和细致化的评价指标，落实到公司的真实 ESG 发展情况，指标设计存在较大差异。有的评价体系追求大而全，包含数十个甚至成百上千个具体指标，导致不仅难以理解，而且重点并不突出；还有的评价体系专门强调某一方面的内容（如碳效率或者污染治理），无法全面反映真实情况。比如，中央财经大学绿色金融国际研究院着重关注公司环保信息披露程度、环保违规处罚及重大安全事故等指标，并给予了较高权重。商道融绿 ESG 评估体系是一个覆盖沪深 300 成分股的 ESG 评级指标体系，该评价体系的特点在于重视负面事件的评价。

（2）从数据来源来看。七家 ESG 评级机构的主要数据获取渠道包括：公开信息（包括公司年报、社会责任报告、政府部门以及第三方机构公告等）、媒体报道、监管部门公告、社会组织调查、公开定量数据等。根据数据可获得性和准确性，不同 ESG 评价机构还采取文本分析和爬虫等人工智能技术，对数据进一步筛选处理。比如，华证基于机器学习及文本挖掘算法，爬取政府及相关监管部门网站数据、新闻媒体数据等；嘉实基金采用 NLP 等人工智能技术从各级政府和监管信息发布平台、新闻媒体、公益组织、行业协会等网站捕捉动态、非结构化数据。

（3）从评价体系特点来看。不同评级机构各具特色，围绕各自的核心评价内容，形成了全面系统的评级框架体系。比如，社会价值投资联盟根据社会发展现状和需要，建立"三 A""三力"评估架构，评估模型包含筛选子模型和评分子模型，筛选子模型是社会价值评估的负面清单，若评估对象进入负面清单，则无法进入下一步评分子模型。华证和润灵则更加融入中国国情，添加扶贫、新冠肺炎疫情等本土化指标，更具有时代性和现实性。

（4）从评估主体来看。在 ESG 高速发展推动下，越来越多的上市公司逐渐了解并参与 ESG 相关信息披露，在提高管理层和员工 ESG 认知水平等多方面进行全面规划，并制定长期 ESG 发展策略。国内七家主要 ESG 评价机构以 A 股上市公司为主体，围绕沪深 300、中证 500 和全部 A 股上市公司的相关 ESG 披露内容，用 ESG 巩固中国企业护城河，推动企业健康可持续发展。

4.2.2　定量比较

随着国际上对我国 ESG 发展、ESG 投资的广泛关注，近年来，我国 ESG 理念也逐步建立并发展起来。当前我国 ESG 评价处于萌芽阶段，虽然整体规模和市场渗透率较小，但海外资金方的要求、政策和行业协会的推动、中国国际化进程的需求三大因素共同驱动近年来市场的快速发展。从监管规则来看，除我国香港联合交易所（以下简称香港联交所）出台了《环境、社会和管治报告指引》外，内地目前尚未正式出台针对 ESG 信息披露的法律法规，但相关披露要求已经体现在社会责任报告或 E、S、G 的单项披露规则中。为进一步探究我国 ESG 评价发展现状和相关性，本节根据 ESG 评级数据完整度和权威性，选取华证指数、富时罗素指数、商道融绿指数和社会价值投资联盟指数作为研究样本，样本选取年度为 2019 年，总样本公司为 441 家。表 4.5 为国内主流评价机构对我国上市公司评价结果的描述性统计分析，根据样本数据较少，且平均值和中位数普遍较低可知，当前我国上市公司 ESG 信息披露水平有待提高，亟须加强完善上市公司信息披露并进行监管。从主流评级机构发布的研究报告来看，与国外相比，目前国内的相关研究还处于起步阶段，现有 ESG 评级研究的社会认知度和市场影响力有限。主要原因如下：一是研究相对分散，除研究机构外，基金公司等金融企业也进行了相关研究，但均各成一派，缺乏有绝对说服力的指标体系和评价方法；二是大部分研究只公布评价结果，不公开评价指标框架和基本评价方法；三是缺乏长期的跟踪研究，不具备连续性，最终导致 ESG 评价结果可信度不高。

表 4.5 不同 ESG 评价机构对中国上市公司评价结果的描述性统计分析

	华证指数	富时罗素指数	商道融绿指数	社会价值投资联盟指数
样本量（家）	441	441	441	441
平均数	6.26	1.27	4.81	10.72
标准差	1.26	0.52	0.89	3.61
最小值	3	0.4	3	1
中位数	5.8	1.2	4.5	10
最大值	9	2.8	7	17

　　国内市场的 ESG 投资和评价起步较晚，目前纳入 Wind 数据库的 ESG 评价或评分，仅有华证指数、富时罗素指数、商道融绿指数、社会价值投资联盟指数四家。由表 4.6 的相关性系数检验结果可以看到，四家主要的 ESG 评价结果的平均相关系数只有 0.30，区间为 0.13～0.49，总体相关性较低，可见 ESG 评价的分歧同样存在于国内市场。主要原因如下：当前对上市公司社会责任评级的社会认知度和市场认可度不高，究其原因，一是照搬国外指标，缺乏依据我国国情的独立判断。二是评价方法大多为指标赋权法，权重设计主观性较强，不同评级机构对同一指标的赋权差别较大。三是现有研究主要数据来源包括上市公司财报、社会责任报告、媒体和第三方组织提供的数据等。因为当前我国并未针对 ESG 相关信息披露提出明确要求，大量企业并未进行 ESG 相关信息的披露，数据可获得性较低。四是已披露的社会责任报告等公开报告也多以描述性披露为主，偏重于宣传各自的业绩和环保、社会责任成绩，对一些负面指标鲜少涉及，并且不同企业披露数据差别较大。因此，未来我国 ESG 评价应注重实际作用和实践意义，不仅为相关法律法规提供基础研究，还要真正起到引领 ESG 投资的作用。

表 4.6　不同 ESG 评价机构对中国上市公司评价结果的相关性系数检验

指数	华证指数	富时罗素指数	商道融绿指数	社会价值投资联盟指数
华证指数	1.00	0.25	0.13	0.40
富时罗素指数		1.00	0.49	0.30
商道融绿指数			1.00	0.26
社会价值投资联盟指数				1.00

资料来源：根据 Wind 金融数据库中四种指数的数据计算。

　　根据国内外评价体系的定性和定量比较分析可看出，国外 ESG 评价体系发展程度较高，评价体系的数据来源广泛且具有较高客观性；国外 ESG 评价体系的指标设置更加具体、细化，具有针对性；另外，国外 ESG 评价体系的评价主体面向全球上市公司，具有一定的普适性。但由于技术原因和社会背景等因素导致不同评价体系的结果差别较大，相关性不高，未来有待进一步加强评级标准建设，建立统一的、服务于全球上市公司的 ESG 评价体系。我国 ESG 评价体系建设开始较晚，但一直保持高速发展，现已有商道融绿和社投盟等多家专业评级机构定期对沪深 300 等 A 股上市公司进行 ESG 评价测度。当前国内 ESG 评价体系的数据来源呈现多样化、智能化特点，利用多种计量工具进行测度；评价体系的指标设计具有中国特色，但仍需分类细化，进而贴合企业健康发展；评价体系主要面向部分行业或领域的 A 股上市公司，尚未建立完善统一的 ESG 评价体系，造成相关性较低。未来我国 ESG 建设应立足自身，取长补短，形成符合长期战略发展规划的评价体系。

第5章　中国ESG研究院 ESG 评价原则

根据国内外 ESG 评价体系的比较分析可以看到，不同 ESG 评级机构对提升上市公司 ESG 表现具有重要意义，但不同 ESG 评价体系之间存在较大差异，最终导致评价体系的相关度和可信度较低。"十四五"规划发展期间，为建立符合我国国情和适应市场经济的 ESG 评价体系，评级机构不仅要认真分析造成现有 ESG 评价分歧的原因，还要遵循实质共赢、兼收并蓄、扎根国情和因地制宜等原则，构建具有中国特色社会主义本土化的 ESG 评价体系。

5.1　ESG 评价分歧的原因

ESG 评价分歧的根本原因，是 ESG 数据不具备传统财务数据所具有的价值中立性质。企业的财务评价或信用评价主要关注其财务相关情况，而 ESG 评价则是企业非财务信息披露的主流体系。企业财务信息的界定及度量由来已久，标准已经建立并普遍接受，争议不大。但对于企业非财务信息的界定及度量由于概念的模糊性，其具体化及框架化均涉及评价者的认知水平、社会背景与价值观系统。可见，ESG 评价受到 ESG 数据供应者及评价者立场的影响，包括其目标、使命、动机和机构背景等。

5.1.1　技术原因

第一类是技术原因，包括 ESG 指标的选取、度量、评价方法等。这方面具有代表性的研究有麻省理工学院博格教授领衔的"层层混淆"专项研究，通过对 KLD、Sustainalytics、MSCI 等六家欧美主要 ESG 评价机构的深入研究，博格等解析了分歧的技术面原因，主要来源于主题覆盖差异、指标度量差异和权重设置差异三个方面（Berg et al.，2020）。范围差异是由于评价机构基于不同属性集而造成的情况。例如，碳排放和劳动实践等属性可能被纳入评级范围。一个评级机构包括劳动实践，而另一个评级可能不包括，从而导致这两个评级出现分歧。衡量差异是由于评级机构使用不同的指标衡量同一属性造成的情况。例如，公司的劳动实践可以根据劳动力流动或对公司提起的与劳动有关的法院案件的数量来评估。两者都能够体现劳动实践的各个方面，但它们可能导致不同的评估结果。权重差异是由于评级机构对属性的相对重要性采取不同观点造成的情况。例如，碳排放指标可能比劳动实践指标更有分量地进入最终评级。在这三个来源中，主题覆盖差异和指标度量差异是 ESG 评价分歧的主要原因，分别能够解释 53% 和 44% 的评价差异，而权重设置差异的影响较小，仅占 3% 左右。

5.1.2　社会背景

第二类则是评价机构的社会背景。研究认为，当评价机构源于相同的背景，有共享的法律法规、社会常规以及文化认知模式时，才会通过共同的理论框架来理解 ESG，也才能提供和塑造出相近的 ESG 数据和评价（操群和许骞，2019）。换句话说，由于 ESG 数据不具备价值中立特性，ESG 数据和评价作为产品，必然受到产品生产方——评价机构和组织的影响，而组织的社会文化背景、历史渊源、使命、结构、法律身份等因素都带有价值观成分，对组织的客观特质和主观理念框架形成影响，从而对其产品产生作用，并最终反映于 ESG 评价。

例如，从法源来看，大陆法系倾向于多方利益相关者，包括供应商、顾客、员工、股东等，而英美法系则倾向于独尊股东。法源不同会影响评价机构的看法，大陆法系下的评价机构和英美法系下的评价机构，其评价项目重点和最终结果会产生差异。Vigeo Eiris 是大陆法系下的代表性 ESG 评价机构，它强调慈善组织及工会的历史传承，旨在为利益相关者服务，其实质性议题包含了对各种利益相关者造成影响的外部效应。相比之下，MSCI 作为英美法系下的代表机构，它界定的实质性聚焦于投资者，在其评价体系中只纳入了对企业长期盈利会造成影响的 ESG 风险。在度量方式上，Vigeo Eiris 的关注围绕着程序正义和民众权益等软议题，度量方式以定性为主；相比之下，MSCI 的关注围绕着实质效益等硬议题，度量方式以定量为主，比如绩效指标。

5.2　中国 ESG 研究院评价原则

从上述分析中可以看出，不同背景的机构和组织价值观不同，相比于"求同"，洞察 ESG 评价"存异"背后的真正原因，并根据自身情况明智地选取运用，才是更切合实际的可行之道。随着 A 股纳入 MSCI、富时罗素等指数体系，ESG 已然成为中国企业融入国际大循环的通行证，然而尽管目前的 MSCI、富时罗素等国际 ESG 评价机构拥有国际化的标准评判体系，但缺乏对中国市场特性的深入了解，在指标设置上缺乏因子的区域化和差异化设置，其评价体系并不完全适用于中国市场，其对于中国企业的 ESG 评价也会由于缺乏对中国国情的深入了解而有失公允。为此，课题组在充分学习研究、实地调研的基础上，遵循下述四条原则，设计了中国 ESG 研究院评价指标体系。

5.2.1　实质共赢，致力于打造和谐共赢的可持续发展格局

中国 ESG 评价体系建设要立足中国经济社会发展大局，遵循实质共赢原则，充分体现新发展理念。一方面要充分考虑对环境、社会与人类有重大影响的企业 ESG 议题，关联的主要利益方有监管机构、消费者和社区与公众等；另一方面要充分考虑对创造企业利润和价值有重大影响的企业 ESG 议题，关联的主要利益方有投资者、管理团队及员工、供应商等。实质共赢，是新现代化概念和发展理念中的重要内容和原则，也是本评价体系的核心价值观。2021 年政府工作报告明确提出扎实做好碳达峰、碳中和各项工作。推动煤炭清洁高效利用，大力发展新能源，扩大环境保护、节能节水等企业所得税优惠目录范围，实施金融支持绿色低碳发展专项政策，设立碳减排支持工具。党的十九届五中全会通过了《中共中央关于制定国民经济和社会发展第十四个五年规划和二〇三五年远景目标的建议》（以下简称《建议》），在《建议》第十部分关于生态文明建设的部署中强调，我们要建设的现代化，是"人与自然和谐共生"的现代化。这意味着，中国要走的现代化道路，要坚持实质共赢原则，促进国民健康可持续发展。

改革开放 40 多年来，中国取得了世界历史上未曾有的现代化成就，可以说，中国是传统工业化模式的最大受益者之一（裴长洪等，2020）。时至今日，中国在现代化的过程中也和其他国家一样，遇到了不可持续的世界性难题。其一，传统工业化造成了严重的生态破坏，导致了环境污染和全球气候变化危机（Rockstrom et al.，2009）；其二，环境破坏和现代工业化给人类带来了"现代社会病"，包括福祉、过劳、健康等社会问题；其三，企业财务造假泛滥、债务高企、金融危机四伏，公司治理问题愈发严峻。然而，在所有寻求现代化的后发国家中，只有中国这样的少数国家取得了巨大的发展成就，这显然不应简单归功于学习了西方的管理经验和市场经济，这背后，不仅有中国自身的发展经验和教训，更有中国绵延五千年的文化底蕴在为新的发展理念和现代化概念提供养分。"天人合

一""人与自然和谐共生"等思想，就是中国传统文化的重要内容。

西方经济学以"理性人"作为底层假设，将工业文明建立在"人类中心主义"基础之上，从"人与商品"的狭隘视野认识和满足人类需求，经济活动对外部环境的冲击并未充分纳入消费者、投资者和企业行为的决策范围，这样传统工业时代的视野导致了"人与自然"关系的恶性循环。生态文明则超越了传统工业文明的视野，从"人与自然"的更宏大视野衡量人类行为，为人类最优行为提供了一个新的坐标系。因此，在我国高质量发展和生态文明建设的要求和宏大视野下，英美法系中的股东中心主义并不适用。

另外，在高质量共建"一带一路"的表述中，习近平总书记提到要明确高质量发展的衡量标准，主要是：共建双方经济效益、社会效益和生态效益三者统一；共建项目早期收获与长远发展统一。经济贸易活动要着眼"互利共赢"，即双方有利，而不是宁可我方不利、不盈。如果在共建项目中片面强调国际政治需要，而置我方企业利益于不顾，必然不能持久，而缺乏经济利益的基础，外交和政治也就没有保障。上述对高质量发展的衡量标准同样适用于 ESG，需要认识到，ESG 实践和 ESG 投资并非"舍己为人"，而是要在纯粹"理性人"（追求最大收益）、仅在意收益和风险的传统西方经济学和金融学假设的框架下，加入企业家和投资人的良知及社会觉醒、加入关于发展是否可持续的"ESG 关切"，将利益相关者纳入到总体价值体系中，形成互利共赢的思想格局（邱牧远和殷红，2019）。最终，在可持续发展基础上注重实质共赢原则，着眼于提升企业绩效和价值，形成相容共生、相互促进的发展格局。

综上所述，课题组所构建的 ESG 评价体系，以实质共赢为价值观，客观理性地进行 ESG 评价，相应地带动企业绩效表现提升，推动企业高质量发展。事实上，ESG 并不是要求投资人变成慈善家，也不是要求投资人不理性。相反，ESG 是希望投资人变得更加理性，眼光更加长远，充分认识到只有秉持实质共赢的可持续发展理念，才能促进人类健康可持续发展和公司价值的持续提升，使投资者的长期价值最大化。

5.2.2 兼收并蓄，充分借鉴已有国内外评价体系的先进经验

发达市场从 20 世纪 80 年代起就展开了 ESG 的评价工作，至今已发展 40 余年，积累了丰富的经验，形成了相对稳定的评价体系。长期以来，我国企业的产品质量、劳动环境、知识产权、节能减排等 ESG 领域受到国际社会不少质疑，对我国企业开展国际贸易和跨国投资产生了不利影响。为此，我国企业的 ESG 评价标准应充分吸收已有成熟体系的经验，衔接成熟的国际化评价体系与中国国情，加快顶层设计，更好地贴近资本市场对于 ESG 管理的需求，为全球范围内的投资者提供兼备有效性和可比性的中国企业 ESG 评价信息，为中国企业更好地融入国际大循环提供通行证，促进资本市场的双向开放（王静，2019）。符合中国资本市场特点的 ESG 评价体系应当具备较强的时效性、较全面的覆盖范围、更加有中国特色的指标设计。一方面，由于近年来国内上市公司"爆雷事件"频发，因此相应地，国内 ESG 评价的时效性与灵活性应该增强，ESG 评价需要更加全面和深入；另一方面，由于中外市场发展程度、市场制度、行业特点乃至文化等的不同，国内的 ESG 评价指标不能照搬国外的经验，在借鉴的同时应删除不适合国内市场的指标，增加国内投资者关心的指标。

5.2.3 扎根国情，持续推动中国话语体系下的本土化指标体系构建

由于发展程度、文化差异、监管制度的不同，各国的 ESG 评价标准与 ESG 沟通方式自然存在差异。例如，在社会（S）维度，人权指标在国际社会责任指标体系中比重较高，强调员工的工会参与、集体谈判等社会权益保护，而在中国这些问题较为少见。中国企业更强调社会保障、员工福利、扶贫等指标。如中国部分企业为响应"精准扶贫"，以创新的产业扶贫、就业扶贫、公益扶贫、消费扶贫作为主要帮扶途径，并自发组织了"万企帮万村"精准扶贫的行动。截至 2019 年 12 月底，仅民营企业就已精准帮扶 11.66 万个村，产业扶贫项目投入 819.57 亿元，公益投入

149.22 亿元，安置就业 73.66 万人等。企业以上社会责任行为的主动性、执行路径和绩效成果等信息都是国际 ESG 指标体系下无法有效获取和准确衡量的。可见，国际指标与中国企业发展侧重点不符，从表述上和规范上都难以定性、定量地衡量中国企业社会责任水平。再如，国有企业是中国特有的政策执行载体，是引导市场发展方向和维持市场稳定性的重要组成部分。不同于境外企业的代理人制度，国有企业由中国政府参与控制，侧重国有资产保值增值，更多地体现企业行政性特点和稳定市场的设置。而国际市场以市场选择为主导，企业执行社会责任的动力和目的之一是提高企业市场竞争力和经营绩效（周方召等，2020）。因此，基于欧美企业运营体系下构建的国际通用指标更追求利润最大化的特点不适用于中国的国有企业，更无法鉴别出优质国企。此外，在治理（G）维度，党建工作在中国企业公司治理中发挥的作用也是目前的国际评价体系无法衡量的。综上所述，若想在中国市场实践 ESG 投资，其发展重点应是在国际成熟评价体系的基础上，积极适应和融合目标市场特色指标，提出既具备有效性和可比性，又不局限于既有国际 ESG 指标下的评价体系（星焱，2017）。

5.2.4　因地制宜，准确把握 ESG 评价过程中的一般性与特殊性问题

就 ESG 实践而言，所有企业都应该涉及。但不同企业所面临的情况不同，ESG 的重点关切也会依行业特质而有所不同，而不可能对通用标准中的所有主题和议题都同等涉入，称这一现象为不同企业拥有不同的敏感性利益相关者。例如，E 维度下的"废物排放"，对于制造行业显然需要重点关注，此时生态环境是其较为敏感的利益相关者（孙冬等，2019），但对于金融行业和媒体行业而言可能敏感性较低。又如，S 维度下的"隐私及数据安全"，对于农业而言是非实质性的 ESG 议题，但是对金融科技行业、社会媒体行业却是敏感的实质性 ESG 议题。由于 ESG 实践是有成本的企业行为，若实体企业盲目地参与所有的 ESG 议题，可能导致对财务绩效非但没有正面影响，甚至带来负面影响和严重的代理问题。因此，实体企业应该有选择性地参与和行业相关的 ESG 议题。

可持续会计准则理事会（Sustainability Accounting Standards Board, SASB）依据 77 个行业分类，对各行业下的 ESG 实质性议题做了整理。本评价体系将沿用这一思路，对中国不同行业企业的敏感性利益相关者和实质性 ESG 议题进行梳理，并在指标选取和权重赋予上给予具体分析和设计。

综上所述，中国 ESG 研究院评价原则如图 5.1 所示。

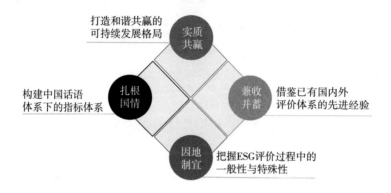

图 5.1　中国 ESG 研究院评价原则

第6章 中国 ESG 研究院 ESG 评价体系设计

6.1 ESG 评价指标体系总体设计思路

6.1.1 评价指标体系设计的政策背景

ESG 评价指标体系的构建作为 ESG 评价的前提，对后续的 ESG 投资应用发挥着重要作用，而 ESG 评价指标体系的构建不仅需要建立在企业 ESG 信息披露的基础上，还需要与我国法律对企业承担社会责任、环境责任及其自身进行内外部治理的要求相匹配。深圳证券交易所于 2006 年 9 月率先发布《上市公司社会责任指引》，首次明确了企业披露社会责任报告（以下简称 CSR 报告）的内容规范。2008 年 5 月，上海证券交易所发布《上市公司环境信息披露指引》，划定了企业对环保相关重大事件的披露标准。在交易所指引之外，政府及相关监管部门也积极推动企业非财务信息的披露，中国证监会于 2002 年 1 月出台的《上市公司治理准则》中对上市公司治理信息披露提出相关要求，并于 2018 年 9 月的修订版中增加了"利益相关者""环境保护""社会责任"相关内容的条例，以提升社会整体对上市公司综合治理能力的关注。

6.1.2 评价指标体系设计的现实动因

据统计，自 2006 年起主动选择披露社会责任报告的 A 股上市公司数量开始呈现增长趋势，这种良好态势在很大程度上得益于我国越来越健全的 ESG 监管体系。但是，根据相关监管要求，目前我国上市公司 ESG 信息披露仍以"自愿 + 半强制"为主，除"上证公司治理"板块和"深证 100 指数"板块的企业必须披露社会责任报告之外，其余上市公司仅根据自身需求决定是否主动披露。

值得注意的是，虽然近年来我国监管机构对于 ESG 发展的关注度提升，但我国暂未形成统一的社会责任报告披露规则，相关指导性文件较为贫瘠。目前，仅有由中国社会科学院企业社会责任研究中心编著的《中国企业社会责任报告编写指南（CASS – CSR4.0)》可以作为大多数中国本土企业编制社会责任报告时的参考标准。因此，上市公司披露的社会责任报告缺乏全面指导，内容良莠掺杂，数据覆盖范围也不尽相同，仅在数据获取方面就为我国开展系统性的大规模 ESG 评价造成不小的困难。另外，鉴于我国并未建立独立的企业 ESG 报告披露体系，现有的 ESG 信息呈碎片化分散在企业社会责任报告中，加之大多数 ESG 信息为定性的非结构化数据，投资者无法快速准确地从冗杂的企业信息中剥离出反映目标企业 ESG 绩效的有用信息。

6.1.3 评价指标体系设计的总目标

ESG 披露体系不健全、数据难获取、标准不统一等问题确确实实成为阻碍我国企业可持续发展过程中的痛点。这种客观存在的信息不对称的局面关切到广大利益相关者，也关切到我国资本市场的长期投资发展。

为了公正、合理、有效地评价我国上市公司的 ESG 表现，中国 ESG 研究院作为第三方评价主体，充分利用前述对国内外主流 ESG 评价体系的定性比较以及定量分析结果，结合被评价企业的个性化行业特征，经过科学严谨的指标筛选、权重设置等流程，初步实现了对我国金融行业上市公司和批发零售行业上市公司 ESG 绩效的量化打分。

由此可见，由中国 ESG 研究院建立的 ESG 评价体系力求在积极适应中国特色资本市场的基础上，汲取国内外评价体系之长处，注重评价的客观公允和科学高效，争取实现对现有 ESG 评价分歧的权衡和改进，以惠及众多利益相关者，进而能够为中国资本市场的良性的长期投资发展添砖加瓦。

6.1.4　评价指标体系的结构框架

中国 ESG 研究院构建的 ESG 评价指标体系共有 3 个一级指标，分别为"环境（E）指标"、"社会（S）指标"和"治理（G）指标"，在这3 个一级指标之下又细分为 10 个二级指标，其中，环境（E）指标之下分为 3 个二级指标、社会（S）指标之下分为 4 个二级指标、治理（G）指标之下分为 3 个二级指标，进一步地，在二级指标之下再次细化，总共落实到 68 个三级指标，形成了一个独立完整的 ESG 评价体系结构（见图6.1），以便于为评价对象提供全面的、可量化的分析。

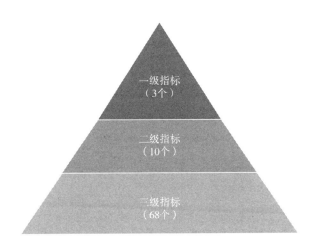

图 6.1　中国 ESG 研究院 ESG 评价指标体系结构

6.1.5 指标体系评价的对象及行业分类

6.1.5.1 评价对象

本次纳入中国 ESG 研究院 ESG 评价指标体系的上市公司共 286 家。其中，金融业 120 家（货币金融服务业大类 38 家、资本市场服务业大类 54 家、保险业大类 7 家、其他金融业大类 21 家），批发零售业 166 家（批发业大类 77 家、零售业大类 89 家），具体的比重如下（见图 6.2）。

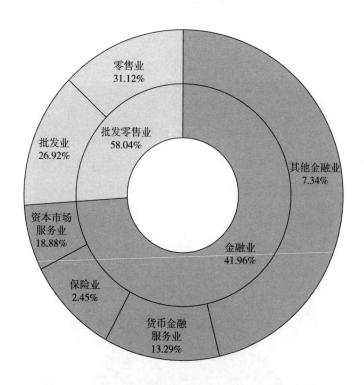

图 6.2 中国 ESG 研究院 ESG 评价指标体系评价对象

6.1.5.2 行业分类

根据中国证监会 2020 年第三季度上市公司行业分类结果，中国 ESG 研究院初步对 A 股上市公司中金融行业（包括货币金融服务、资本市场服务、保险业以及其他金融业四个行业大类）和批发零售业（包括批发业和零售业两个行业大类名称）公司进行 ESG 绩效的评价。

6.1.6　评价指标体系的评价方法

6.1.6.1　基本数据

所有纳入中国 ESG 研究院 ESG 评价指标体系的基础数据均来自社会公开的信息。企业端的公开信息有以下几种来源：社会责任报告、可持续发展报告、年度财务报告、年度审计报告、公司章程、官网信息等。非企业端的公开信息有以下几种来源：监管机构披露、权威资料记载、权威媒体报道、正规社会组织调研等。

本评价指标体系共有 68 个三级指标（基层指标），这些基层指标的数据收集过程全部由中国 ESG 研究院的几位具有丰富数据处理经验的助理研究员手工收集完成，保证了获取数据的准确性。对于一些易获取的量化数据，均通过 Wind 数据库和国泰安（CSMAR）数据库获取，保证了数据的可靠性。特别地，针对个别需要进一步优化计算的数据均经过反复交叉核对，保证了数据的正确性。

6.1.6.2　研究手段

（1）定性分析：对国内外主流 ESG 评价指标体系进行定性比较；对权威文献中的 ESG 评价相关信息进行梳理归纳。

（2）定量分析：对国内外主流 ESG 评价指标体系评价结果的相关性进行定量比较；对金融行业和批发零售行业上市公司的 ESG 基础数据进行实证分析。

6.1.7 技术路线

夯实基础
- 国内外ESG评价指标体系对比研究（定性描述性分析、定量相关性分析）
- 相关文献梳理归纳（利益相关者理论、构建评价指标体系的方法）

构建框架
- 构建指标框架
- 进行指标选择
- 赋予指标权重（专家打分法）

收集数据
- 基础数据收集（利用大数据平台）
- 量化指标数据（数据标准化处理）

开展评价
- 进行实证分析，计算ESG得分，完成企业ESG评价

结果展示
- 利用评价结果进行初步研究（分行业讨论、分股权性质讨论）
- 报告呈现

未来展望
- 反思总结
- 对现有体系进行修正，不断优化
- 开展未来规划

图 6.3　中国 ESG 研究院 ESG 评价指标体系技术路线

6.2　ESG 评价指标体系构成

6.2.1　环境（E）评价指标体系

环境（Environmental）评价指标体系是指对被评估主体的生产经营活

动对环境造成的影响进行评估。近年来，由经济高速增长带来的负面效应逐渐在全球蔓延，两极冰川融化、海平面上升、空气质量堪忧、自然资源濒临枯竭……全球环境的急速恶化让环保的呼声越来越高。2007 年 4 月，国家环保总局出台了《环境信息公开办法（试行）》，旨在鼓励企业通过媒体、网络或年度环境报告等方式积极主动地公开自身环境信息。在民间，一些群众自发的环保运动不仅呼吁个人环保意识的提高，还抵制和抗议企业因过度追求利益而肆意破坏环境、浪费资源的行为。

关于生态环境保护，我国提出要构建"政府为主导、企业为主体、社会组织和公众共同参与"的环境治理体系。作为环境治理体系的主体，现代企业是物质财富生产的主要组织形式，是国民经济运行大系统中的子系统，企业的全部生产、营销活动是在社会"生态环境"中进行的，对环境有着最直接、显著的影响。于情于理，企业作为重要的社会主体，应当重视自身的环境效益。中国 ESG 研究院构建的环境（E）评价指标体系正是基于此思想，从环境保护问题的重点、痛点入手，结合在企业环保实践中频现的违规事项，对企业的环保绩效进行评价。

6.2.1.1　环境评价指标体系特色

在第 4 章中我们对国内外主流 ESG 评价指标体系进行了比较研究，在环境指标体系的衡量方面，一些机构从污染的来源、转移、去向三个口径进行溯源式的指标设计，也有机构针对性地对碳排放、氮硫化物排放等高污染化学元素设计了专项的环保绩效指标衡量体系。在学术研究领域，以往学者关于企业环境绩效的评价研究多从企业环境管理流程的视角出发，以时间与空间的转移为根据构建全过程环境管理评价指标体系（李维安等，2019）。

对比已有体系和相关研究，中国 ESG 研究院 ESG 评价指标体系在环境（E）维度的指标设计借鉴了已有研究中成熟的"环境管理流程"思路，提出"消耗""排放""防治"3 个二级评价指标，将资源的消耗、废物的排放与企业的防治行为构成企业对环境的"影响力闭环"（见图 6.4）。

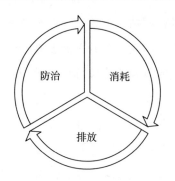

图 6.4 环境（E）指标体系二级指标层级关系

6.2.1.2 环境评价指标体系基本框架

在上述层级关系的指引下，研究院进一步确定了 3 个二级指标下属的 17 个三级指标，其中，针对不同行业（金融业、批发零售业），三级指标的侧重也有所不同。具体描述如表 6.1 所示。

表 6.1 环境（E）指标体系一览

一级指标	二级指标	三级指标
环境（E）指标	资源消耗	耗电总量、天然气消耗、燃油消耗、总用水量、总能源消耗、煤炭使用量
	废物排放	总温室气体排放、氮氧化物排放、二氧化硫排放、悬浮粒子/颗粒物、废水/污水排放量、有害废弃物量、无害废弃物量
	防治行为	绿色投融资占比（适用于金融业）、环保投入金额（适用于批发零售业）、是否就气候变化机会进行讨论、是否就气候变化风险进行讨论

考虑到自然资源消耗的不可逆性，我们将电能、水能、燃油资源、煤炭资源和天然气资源纳入"资源消耗"大类的考察范围，以鼓励企业降低能耗，提高资源使用效率，并建议有条件的企业进行节能改造。

在"废物排放"大类指标下，废水、废气、废物的排放数量是本体系的重点测量对象，具体有碳氧化物、氮氧化物、硫化物、固体颗粒物、污水、废弃物等。我们希望借此来促进企业减少污染物的排放，进一步鼓励企业进行绿色创新探索，推动企业实现绿色转型。

企业"防治行为"是真正从源头抓起，贯彻了"谁污染，谁治理"的基本原则，它不仅要求企业关注绿色投融资、环保投入金额，还要有未雨绸缪的大局意识——主动就气候变化机会、气候变化风险等议题进行讨论。我们希望通过关注企业的防治行为达到"窥一斑而知全豹"的效果，能够客观地评价企业的绿色业务发展情况以及未来绿色转型潜力等不易量化的信息。

6.2.1.3　特色指标解读

企业在向社会提供产品与服务的过程中首先需要利用各种资源能源，在资源消耗过后，随之不可避免的是废弃污染物的排放，包含气体污染物（CO_2、SO_2、氮氧化物等）、液体污染物（废水、污水等）以及固体污染物（悬浮粒子、颗粒物等）。企业在完成基本生产经营活动之后，基于《中国环保法》（2015 年 1 月 1 日起施行）中"谁污染，谁治理"的基本原则，污染防治将成为企业对环境施加影响力的最终环节，本二级指标下包括绿色投融资占比、环保投入金额，是否就气候变化机会进行讨论，以及是否就气候变化风险进行讨论等三级指标。

其中"绿色投融资占比"主要适用于金融业，指利用金融手段引导流向绿色环保产业的资金占比，通过为污染防治提供资本支持，从而实现产业绿色可持续发展的目标。"环保投入金额"主要适用于批发零售业，指企业安排专项资金用于环境保护项目的投资。目前我国环保行业整体处于政策红利期，为环境治理和环保产业发展提供足够的资金支持是为"十四五"生态环境保护提供创新的投融资模式和政策的关键所在。因此，若继续加大环保的资金投入，就要通过创新模式撬动社会资本进入。金融业公司的"绿色投融资占比"以及批发零售业公司的"环保投入金额"这两个特色指标不仅能够测度企业的现金流管理能力，更能够衡量企业对于环保产业发展的重视程度。

综上所述，本评价指标体系设置以上 3 个二级指标、17 个三级指标作为 ESG "环境（E）" 维度的衡量标准，能够较全面地反映企业对环境施加的影响力，进一步加强企业在生产经营活动中的环保意识，推动企业对社会可持续化发展的进一步重视。

6.2.2 社会（S）评价指标体系

社会（Social）评价指标体系是指对被评估主体的生产经营活动对社会造成的影响进行评估。中国 ESG 研究院的社会（S）评价指标体系聚焦于企业的产品、服务、运营、核心能力和各种活动为企业上下游利益相关者所创造的整体社会效益。当前，一些公司深陷虚假慈善、内部腐败、信息泄露等丑闻的泥淖之中，给公司业务、品牌形象等带来了巨大冲击。中国企业在"一带一路"走出去的过程中同样面临社区服务、员工安置等多方面的挑战，企业领导者逐渐质疑股东总回报最大化的企业战略目标，开始将企业的社会影响力放到更重要的战略地位。

6.2.2.1 社会评价指标体系特色

通过前述章节中对现有权威 ESG 评价指标体系的对比，可以发现国外的多数评价指标体系在选择社会指标时侧重于按照资本要素类别进行划分，而国内评价体系多从企业内外部环境视角进行指标筛选。在学术研究方面，与企业社会行为有关的研究取得了丰硕的成果，其中，企业社会责任（CSR）是该领域的一个重要话题，对利益相关者理论的讨论也是该领域的一个热点。中国 ESG 研究院在已有研究的基础上，重点关注企业的"利益相关者"，并以此为中心思想构建了我们的社会（S）评价指标体系。

"利益相关者"在企业中进行专用性投资的同时也承担了一定的风险，他们的活动能够影响企业目标的实现，同时也受到企业实现其目标过程的影响（倪骁然，2020）。早先学术界对于企业利益相关者的分类通常体现在与企业活动关联的紧密度差异上，包括直接利益相关者与间接利益相关者、契约型利益相关者与公众型利益相关者、自愿的利益相关者与非自愿利益相关者、首要利益相关者与次要利益相关者等（陈宏辉和贾生华，2004）。

本评价指标体系中社会维度下二级评价指标的提出也是基于对企业活动关联紧密性的考虑，结合差序格局中描述亲疏远近的人际格局理论（费孝通，2008），将涉及企业社会责任的利益相关者从内到外划分为员工、客户（产品）、社会以及时代（见图6.5）。

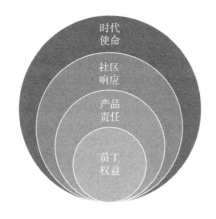

图 6.5　社会（S）指标体系二级指标层级关系

6.2.2.2　社会评价指标体系基本框架

根据企业活动关联的紧密性，研究院最终确定的社会维度的 4 个二级指标分别为"员工权益""产品责任""社区响应""时代使命"，在二级指标之下又设置 23 个三级指标，其中针对不同行业（金融业、批发零售业），三级指标的侧重有所不同。具体如表6.2所示。

企业的社会影响力是企业在社会公众中的整体表现与影响。从企业内部来说，企业的社会影响力主要体现为企业对员工的责任感。员工权益下的三级指标包括员工的数量（雇员总人数、女性员工比例）、员工健康（员工流失率/离职率、医保覆盖率）、员工安全（劳动合同签订率、死亡事故数）以及人力资源的多样化发展（人均培训课时）等。

表 6.2　社会（S）指标体系一览

一级指标	二级指标	三级指标
社会（S）指标	员工权益	雇员总人数、员工流失率/离职率、劳动合同签订率、女性员工比例、人均培训课时、死亡事故数、医保覆盖率
	产品责任	客户满意度、客户投诉数量、是否有客户反馈系统、供应商数量（适用于批发零售业）、质量管理体系证书、普惠金融（适用于金融业）、研发投入强度、专利数量
	社区响应	资产负债率、利息保障倍数、对外捐赠、注册志愿者人数、合规经营、诉讼次数
	时代使命	扶贫总金额、抗击疫情

企业产出作为企业内部与外部连接的关键，是企业面向客户所创造的各种有价值的物品或服务，是企业利润的来源，体现了企业对于客户的责任感。产品责任下的三级指标不仅体现了对企业当下产出的评价（客户满意度、客户投诉数量等），也体现了对企业可持续、高质量产出的衡量（质量管理体系证书、研发投入强度、专利数量等）。

从内到外延伸到企业外部，企业的社会影响力体现在社区与时代上。在社区响应下的三级指标，一方面体现了企业对债权人承担的责任（资产负债率、利息保障倍数等），另一方面体现了企业对社会承担的责任（对外捐赠、注册志愿者人数、合规经营等）。

6.2.2.3　特色指标解读

在本社会指标评价体系中，产品责任维度的企业社会绩效衡量考虑了"普惠金融"项目。普惠金融主要适用于金融业，指以可负担的成本为有金融服务需求的社会各阶层和群体提供适当、有效的金融服务，重点服务对象是小微企业、农民、城镇低收入人群等弱势群体。在 2020 年中央经济工作会议中也提到要准确把握经济工作的总体要求，助力提升国民经济整体效能，持续优化金融资源配置，加大对科技创新、小微企业、绿色发展的金融支持。普惠金融体现了金融业企业致力于服务实体经济的能力，也体现了这些企业旨在重视消除贫困、实现公平的社会责任感。同时，供应商数量主要适用于批发零售业，批发零售业作为衔接供应商和客户的重要中间环节，供应商数量直接决定了批发零售业公司的产出。

面对时代使命，本评价指标体系创新性地引入具有中国特色与时代特色的三级指标，包括扶贫总金额与抗击疫情。2020 年是我国全面建成小康社会目标实现之年，也是全面打赢脱贫攻坚战收官之年。"十四五"时期将建立解决相对贫困的长效机制，继续常态推进扶贫工作，需要企业继续在拓展扶贫路径、聚焦产业扶贫上贡献力量。2020 年初开始蔓延的新冠肺炎疫情带来了全球公共卫生危机，抗击疫情不仅是政府的责任，企业的规模优势以及多产业链条也在抗击疫情中发挥了关键的作用。因此，时代使命下的扶贫总金额与抗击疫情三级指标在当今时代背景下着重反映了企业的社会责任和使命担当。考虑到"时代使命"本身具有随时间更迭的属性，本指标体系未来将根据不同年度重大事件、高频热词、舆论导向等适时调整该层次的三级指标。

综上所述，本评价指标体系设置以上 4 个二级指标、23 个三级指标作为 ESG"社会（S）"维度的衡量标准，能够较全面地反映企业对社会中各种利益相关者所创造的社会效益，推动企业承担相应的社会责任，进一步响应员工、客户、社会与时代的呼吁和号召。

6.2.3　治理（G）评价指标体系

治理（Governance）评价指标体系是指对被评估主体内外部的公司治理情况进行评估。公司治理在现代企业管理制度中起到关键作用，它不仅是促进资本市场长期健康发展的重要内容，更是提高公司质量的内在要求。

近年来，我国上市公司的数量大幅增长，成为国民经济发展中重要的群体，然而，伴随着上市公司在数量级上的增长，如何规范其经营和治理行为，提高其发展质量等问题也迫在眉睫。2020 年 10 月，国务院出台了《关于进一步提高上市公司质量的意见》（以下简称《意见》），《意见》指出要把好"规范化"和"内部控制"两个大方向，完善公司治理制度规则，明确权责界限，加快推行内部控制制度规范化体系，企业也要配合做好治理信息透明化，增强信息披露针对性和有效性。该《意见》是我国首次将提高上市公司治理水平上升到国家行动层面，越来越多的企业也逐渐意识到保持较高的公司治理水平是其获得竞争优势的不二法门。

6.2.3.1 治理评价指标体系特色

自 1994 年《中华人民共和国公司法》的施行开始，在此过程中，我国公司治理制度的演变经历了"构建结构、完善机制、提升有效性"的三个阶段（李维安，2012）。诚然，公司治理的水平与企业利益相关者的权益密切相关。从内部控制角度来看，公司治理结构的内在逻辑是一种制衡，以此来实现组织内部的激励与约束，进而维护企业利益相关者的权益。从投融资角度来看，有效的公司治理结构能够提升投资者与管理者之间的信任程度，从而在源头上保证了资金来源的稳定性，一套完善的公司治理机制又为企业资金的良性运营提供了保障，而关注公司治理的有效性能够为企业高质量发展注入活力，促进资本市场的长期投资，提升资本投资质量。

中国 ESG 研究院借鉴李维安教授的"三阶段模型"作为治理（G）维度指标体系的中心思想，结合中国特色现代企业制度的新要求，以及高质量公司治理的新诉求，最终确定从"治理结构、治理机制、治理效能"三个子层面（见图 6.6）进行体系设计。

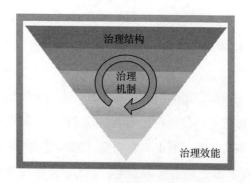

图 6.6 治理（G）指标体系二级指标层级关系

6.2.3.2　治理评价指标体系基本框架

在"三阶段模型"的指引下，研究院进一步将"治理结构""治理机制""治理效能"落实为治理评价指标体系的 3 个二级指标，又具体选取了最具代表性和最能够反映公司治理实践问题的 28 个指标作为三级指标（见表6.3），旨在为上市公司的治理情况评价提供增量信息。

表6.3　治理（G）指标体系一览

一级指标	二级指标	三级指标
治理（G）指标	治理结构	第一大股东持股、股权制衡、两权分离度、机构投资者持股、女性董事、董事会规模、董事会独立董事、两职合一、高管持股、监事人数、党组织成员和董事会成员重合人数、党组织成员和监事会成员重合人数、党组织成员和经理层重合人数
	治理机制	股权激励计划、高管年薪、ROE、现金分红、股息率、营业收入增长率、大股东占款率、管理费用率、质押股票比例、商誉、关联交易
	治理效能	财务报表审计意见、内部控制审计意见、社会责任报告披露、非经常性损益

对于公司治理的分析首先要立足于治理结构。治理结构设计的合理性是影响企业绩效的重要因素之一，良好的治理结构能够有效地提高企业的经营业绩，实现企业的可持续发展。因此，选取"第一大股东持股、股权制衡、两权分离度、机构投资者持股"作为股权结构类三级指标，能够反映公司在股东层面的治理结构设计；另选取"董事会规模、女性董事、独立董事、两职合一、监事人数、高管持股"作为董监高结构类三级指标，以衡量公司在董事会、监事会和高管层面的治理结构合理性。

公司治理机制是公司治理质量的制度保障，也是现代企业制度的核心内容。本评价指标体系选取了"股权激励计划、高管年薪、现金分红、股息率、大股东占款率、质押股票比例"等 11 个三级指标，用于衡量公司在激励机制和决策机制方面的表现。

而对于治理效能的关注是保护投资者合法权益的重要途径。本评价指标体系选取了治理效能层面的"财务报表审计意见、内部控制审计意见、社会责任报告披露、非经常性损益"四个意见类型的三级指标，以便于客观全面地考察公司运营是否有效。

6.2.3.3 特色指标解读

随着党组织在公司治理中扮演越来越重要的角色，本体系也紧紧跟随"把党的领导更好地融入公司治理"的号召，在"治理结构"这一维度下纳入了与党组织密切相关的 3 个三级指标。习近平总书记在 2016 年 10 月召开的全国国有企业党的建设工作会议上强调："中国特色现代国有企业制度，'特'就特在把党的领导融入公司治理各环节，把企业党组织内嵌到公司治理结构之中。"党的十九届四中全会再提"党组织治理"，会议明确指出，完善中国特色现代企业制度，要抓住党的领导与公司治理相结合的重点，可见党组织治理已经成为公司治理不可忽视的一环。

有鉴于此，本评价指标体系分别引入"党组织成员和董事会成员重合人数""党组织成员和监事会成员重合人数""党组织成员和经理层重合人数" 3 个三级指标，作为与"党建"相关的特色治理指标。选取与党建相关指标纳入治理结构层面的三级指标，一方面能够衡量公司在治理结构设计方面是否充分考虑到党的领导与自身治理的协调发展，另一方面能够鼓励公司形成"双向进入、交叉任职"的领导体制，发挥党组织的领导核心和政治核心作用，最终推动党的领导与公司治理有机融合，保证公司在新时代下的可持续发展。

综上所述，本评价指标体系设置以上 3 个二级指标，28 个三级指标作为"治理（G）"体系的衡量标准，能够较全面地反映公司治理水平，进一步推动上市公司有效运作，提升公司治理质量，促进资本市场稳定健康发展。

6.3　ESG 评价指标权重

6.3.1　权重设置及分数计算

在确定本评价指标体系所有指标的基础之上，ESG 评价指标权重的设置主要采用了"专家打分"和"计量统计"的方式。首先邀请专业学者对三级指标进行打分，分别为每个三级指标赋予权重，之后通过计算加总来确定相应的二级指标得分。基于二级指标得分，结合专家学者对政策、经济、社会、技术等宏观环境与行业环境的研究，我们进一步确定了二级指标在 E（环境）、S（社会）、G（治理）这三大类一级指标下的权重，从而完成了权重分配（见图 6.7）。

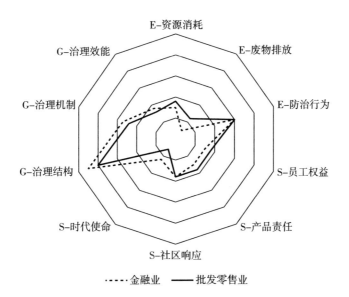

图 6.7　不同行业权重分配

根据不同行业（金融业、批发零售业）的特色，本评价指标体系中二级指标的权重设置有所不同。例如，在环境指标中，相比于批发零售业，我们赋予了金融业企业环境治理（污染防治）更大的权重。因为金融业企业的绿色投融资可以调动社会资本流动，为企业的绿色健康发展起到更大的杠杆作用。以往也有学者证明了银行业的绿色信贷政策对企业环境绩效的贡献（Zhou et al.，2020），环境贷款的做法可以帮助促进环境保护。在社会指标中，我们同样赋予金融业企业社会特色建设更大的权重。原因在于金融业企业的精准扶贫贷款、绿色办贷通道等政策在扶贫工作中发挥了金融扶贫的先锋作用。例如，面对疫情，金融业企业可通过加大疫情信贷支持、开辟金融服务绿色通道、发放应急贷款或专项贷款等措施，在抗击疫情过程中承担更重的社会责任。

进一步地，同样根据不同行业（金融业、批发零售业）的属性，我们充分考虑到利益相关者对 ESG 投资诉求，为两个不同行业的企业在环境（E）、社会（S）和治理（G）三个一级指标上的得分赋予不同的权重（例如，金融业在治理指标方面的赋权略高于批发零售业，而在环境指标方面略低于批发零售业），进而加总得到企业最终的 ESG 评价分数。

6.3.2 权重设置特色——治理（G）指标的重要地位

总体而言，本评价指标体系在确定权重的过程中给予"治理（G）指标"较高的地位。通过前述对国内外 ESG 评价指标体系的梳理不难发现，各评价指标体系对于环境指标和社会指标（例如，污染废弃物排放、资源能源利用、员工健康安全、社区责任等）在很大程度上能够达成共识，并且更为急迫地推动企业加强环境和社会相关信息的披露（邹洋，2020），往往却很难在治理指标层面确定共通的评价标准，因而忽视了治理指标在企业履行良好社会责任，维持自身可持续发展能力方面的重要性。但公司治理一直以来都是在投资决策中需要考虑的重要问题，良好的治理能够通过一套完整的治理机制厘清企业决策过程中各方的责、权、利，协调公司与利益相关者之间的关系，以保证公司决策的科学化，进而维护公司各方面利益。不仅如此,要谈公司在环境和社会层面可持续发展的实践,必须先谈公司自身的可持续发展。因此,公司治理指标应该在 ESG 评价指标体系中扮演重要的基础性角色(见图 6.8),是 ESG 评价的原则和方法。

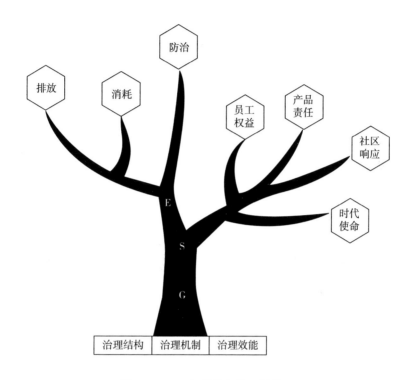

图 6.8　ESG 评价指标体系树状图

我们更要指出的是"治理(G)指标"在金融行业中的突出地位。金融行业公司大多具有杠杆率高、外部性强等特征,往往存在着内部控制、大股东操控等不良治理现象,因此,只有通过构建规范化的公司治理结构,完善有效的治理机制,加强治理规范,才能够对金融业公司形成有效的约束,实现自身健康可持续发展。从更广阔的角度来说,我们对金融业公司提出更高的治理要求,能够促进金融机构不断改进金融服务(例如,大力发展普惠金融、加大绿色投融资力度、助力脱贫攻坚等),并且加强对金融消费者的权益保护,自觉树立企业公民意识,增强企业的责任感。

第 7 章　ESG 评价结果

　　金融业和批发零售业均为我国经济社会高质量可持续发展的关键行业。一方面，近年来，我国金融行业在速度和规模上迅速发展，企业对金融服务的需求也持续增长，政府相关部门陆续出台相关政策以推动我国金融业的可持续发展，其中包括绿色金融的推行、隐私及数据安全的构建、产品和服务信息标准的建立、金融科技开发及应用等。因此，金融业在我国市场经济中占据着独特的地位，对 ESG 理念的践行具有重要意义。另一方面，批发零售业作为推动我国商贸流通业发展的重要部门，具有巨大的市场发展潜力，是推动经济社会高质量发展的着力点。同时，批发零售业的发展过程与环境、社会等方面息息相关，需要 ESG 理念的融入以促进其在生产和消费领域的绿色、高质量发展，进而推动我国经济社会的可持续发展。

　　因此，本章利用前述研究方法对金融行业和批发零售行业上市公司的 ESG 表现进行评价、比较与分析，分别进行了描述性统计、相关性检验、组间均值差异检验、个股回报率分组差异检验和两独立样本 T 检验等，旨在更加直观、清晰、深入地从多个角度展示本项研究得到的环境（E）、社会（S）、治理（G）分项得分和 ESG 总得分的具体情况。其中，由描述性统计可以获得两个行业各得分的数值分布；由相关性检验，可以获知总得分与其他四种 ESG 指数的一致性以及 ESG 各得分间的相互关系。此外，按照国有与非国有性质划分的企业间 ESG 得分的组间均值差异检验，可以分析所有权性质对企业 ESG 表现的影响。再者，展示的两个行业中 ESG 得分高低组企业的个股回报率差异，旨在分析 ESG 对个股回报率的影响。最后，通过两独立样本 T 检验分别对金融业企业和批发零售业企业在环境（E）、社会（S）、治理（G）各维度以及 ESG 总体上的表现进行对比，旨在比较分析两个不同行业在 ESG 各维度及总体水平上的表现差异性及原因。

7.1　金融业的 ESG 表现

7.1.1　描述性统计

表 7.1 展示了 2019 年金融行业 ESG 总得分及环境（E）、社会（S）、治理（G）各分项得分的描述性统计结果。由表 7.1 列示的结果可知，本项研究共涵盖了 2019 年的 120 家金融企业，在按照评分标准分别得到每家企业的环境（E）、社会（S）和治理（G）各分项得分的基础上，根据各分项的权重汇总得到了各企业的 ESG 总得分。可以看到，120 家金融企业的 ESG 总得分均值为 42.37，尚属于偏低水平，在一定程度上也反映了目前中国的金融行业仍缺乏对 ESG 重要性的认识，部分企业对承担和培养自身与可持续发展能力有关的社会责任的积极性还有待提高。此外，ESG 总得分的标准差为 10.04，最小值与最大值相差较大，表明行业内各企业对 ESG 的投入极不均衡，侧面反映出我国金融行业还未形成具有行业共识性的 ESG 相关政策法规，监管机构的引导还有待加强。另外，环境（E）、社会（S）和治理（G）各分项得分的均值分别为 42.42、31.96 和 49.29，均小于 50 分。尤其是社会（S）得分的均值最小，仅为 31.96。细分社会（S）得分发现，金融行业的雇佣、员工与人权二级指标的评分最低，为 15.65。与 ESG 总得分相一致，环境（E）、社会（S）和治理

（G）得分的标准差均较大，行业内企业的环境（E）得分波动性最大，最小值与最大值相差约 76 分。这说明无论是对 ESG 的披露情况还是 ESG 的质量，行业内各企业目前的差距都是十分明显的，这也为国家和行业进一步加大推广 ESG 理念的力度提供了事实依据。

表 7.1　2019 年金融行业 ESG 得分的描述性统计

变量	样本量	均值	标准差	最小值	中位数	最大值
环境（E）得分	120	42.42	22.13	0	43	76.43
社会（S）得分	120	31.96	12.42	8.05	31.65	65.35
治理（G）得分	120	49.29	8.07	30.04	49.16	65.35
ESG 总得分	120	42.37	10.04	22.85	41.96	65.31

资料来源：首都经济贸易大学中国 ESG 研究院 ESG 数据库。

7.1.2　相关性检验

7.1.2.1　ESG 总得分与其他四种 ESG 评价得分的相关性检验

表 7.2 展示了本项研究得到的 ESG 总得分与 Wind 金融数据库中可获得的四种 ESG 评价得分的皮尔逊相关性检验结果，这四种 ESG 评价得分分别为富时罗素指数、华证指数、社会价值投资者联盟指数与商道融绿指数。对于其中的定性指标，课题组按照评级标准进行了量化处理。将本项研究的 ESG 总得分与四个目前市场上通用的 ESG 评价得分进行相关性测试，旨在检验本项研究过程的科学性和成果的可靠性。在表 7.2 中，第一列即为本项研究的 ESG 总得分分别与从 Wind 数据库获取的四种指数的相关性系数检验的结果。从结果中可以看到，ESG 总得分与富时罗素指数、华证指数、社会价值投资者联盟指数和商道融绿指数分别在 1%、5%、1% 和 5% 的水平上显著正相关。这在一定程度上表明，本项研究的评价结果与目前其他机构开展的中国企业 ESG 评价结果保持了一致性。

表7.2　ESG 总得分与目前通用的四种 ESG 指数的相关性检验

	ESG 总得分	富时罗素指数	华证指数	社会价值投资者联盟指数	商道融绿指数
ESG 总得分	1				
富时罗素指数	0.435 ***	1			
华证指数	0.205 **	0.002	1		
社会价值投资者联盟指数	0.566 ***	0.313 **	0.059	1	
商道融绿指数	0.253 **	0.460 ***	0.027	0.253 **	1

注：* 、** 、*** 分别表示在10% 、5% 和1% 的水平下显著。

资料来源：Wind 金融数据库、首都经济贸易大学中国 ESG 研究院 ESG 数据库。

7.1.2.2　环境（E）、社会（S）、治理（G）分项得分与总得分的相关性检验

表7.3 展示了本项研究得到的各企业的环境（E）得分、社会（S）得分和治理（G）得分的相关性检验结果，旨在分析企业对环境（E）、社会（S）和治理（G）三方面的关注度和投入是否保持在相持的水平，或是更侧重于单方面的表现。表7.3 的结果显示，环境（E）、社会（S）与治理（G）两两间均在1% 的水平上显著相关，可以在一定程度上说明金融行业内各企业对 ESG 三方面的重视程度相差较小，即不管 ESG 的质量如何，大部分金融业企业针对环境（E）、社会（S）和治理（G）三方面都偏向于持"一碗水端平"的态度。

表7.3　ESG 各分项得分间的相关性检验

变量	环境（E）得分	社会（S）得分	治理（G）得分
环境（E）得分	1		
社会（S）得分	0.322 ***	1	
治理（G）得分	0.349 ***	0.586 ***	1

注：* 、** 、*** 分别表示在10% 、5% 和1% 的水平下显著。

资料来源：Wind 金融数据库、首都经济贸易大学中国 ESG 研究院 ESG 数据库。

7.1.3 国有与非国有金融企业 ESG 得分的组间均值差异检验

作为对上述基础检验结果的延伸，本项研究进一步区分了国有与非国有性质的金融企业的 ESG 总得分与分项得分的差异。表 7.4 的结果表明，国有性质的金融企业占总样本量的 64%。在国有性质的金融企业中，社会（S）得分、治理（G）得分和 ESG 总得分均在 5% 的水平上显著高于非国有企业。而国有企业的环境（E）得分虽然也大于非国有企业，但两者没有显著差异。这一结果表明，相比于非国有企业，金融业国有企业对 ESG 各方面的重视程度更高。

表 7.4 国有与非国有金融企业的 ESG 各得分的组间均值差异检验

变量	国有企业	非国有企业	t 值
环境（E）得分	44.68	38.39	-1.47
社会（S）得分	33.83	28.62	-2.18**
治理（G）得分	50.74	46.68	-2.54**
ESG 总得分	44.15	39.19	-2.52**
样本量	77	43	

注：*、**、***分别表示在 10%、5% 和 1% 的水平下显著。

资料来源：Wind 金融数据库、首都经济贸易大学中国 ESG 研究院 ESG 数据库。

7.1.4 ESG 得分与日个股回报率的关系分析

图 7.1 展示了 ESG 总得分高低不同的两组金融企业在日个股回报率上的差异。其中 ESG 总得分高、低组的划分是以中位数 41.96 为依据，将大于等于中位数的企业划分为 ESG 高得分组，将低于中位数的企业划分为 ESG 低得分组。图 7.1 中纵轴为对应日期的日个股回报率（考虑现金分红）；横轴为 2019 年 1 月 2 日至 2020 年 12 月 1 日的股票交易日，为了更清晰直观地展示不同组别下日个股回报率的差距及变动趋势，课题组仅选择了每个月的第一个交易日，共 24 个时间点上的两组数值进行比较。由图 7.1 的结果可知，在 2020 年初以前，ESG 高得分组与 ESG 低得分组

的日个股回报率的变化趋势没有明显差异。而在 2020 年初新冠肺炎疫情
暴发后，可以看到 ESG 得分低的企业日个股回报率的下跌幅度和上涨幅
度均高于 ESG 得分高的企业，即 ESG 得分低的企业的回报率变化相较于
ESG 高得分组的企业更加不稳定，容易出现更加明显的上升或下降趋势，
而 ESG 得分比较高则回报率的波动相对比较小。这在一定程度上说明，
ESG 可以作为一种"保险机制"在企业遭受非可预测性的负面影响时为
企业带来利好条件。此外，在 2020 年 3～12 月，ESG 得分低组的企业的
日个股回报率基本维持在 ESG 得分高组的企业之上。但由于没有控制其
他相关变量，这一现象并不能说明 ESG 高得分组比 ESG 低得分组的日个
股回报率低，还要结合环境不确定性和企业自身特征进行进一步分析。从
总体的结果来看，金融行业企业的 ESG 评价可以较好地预测某一阶段内
日个股回报率的情况，但是可能由于指标的选取以及外部环境等因素影响
了其预测的准确性。因此，ESG 得分能在一定程度上反映 ESG 评价的实
质性原则。随着研究的深入，ESG 评价将进一步结合行业特点及特殊的
外部环境规律而不断完善以提高其预测的准确性，为投资决策提供数据
支持。

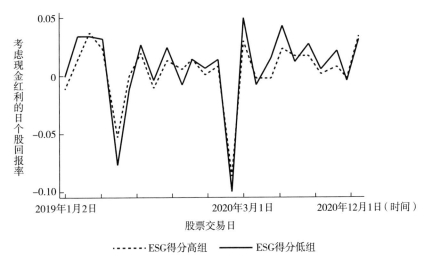

图 7.1　ESG 得分与日个股回报率的关系分析

资料来源：Wind 金融数据库、首都经济贸易大学中国 ESG 研究院 ESG 数据库。

7.2 批发零售业的 ESG 表现

7.2.1 描述性统计

表 7.5 展示了 2019 年批发零售业 ESG 总得分及环境（E）、社会（S）、治理（G）各分项得分的描述性统计结果。由表 7.5 列示的结果可知，本项研究共涵盖了 2019 年的 166 家批发零售企业，在按照评分标准分别得到每家企业环境（E）、社会（S）及治理（G）各分项得分的基础上，根据各分项的权重汇总得到了各企业的 ESG 总得分。可以看到，166 家批发零售企业的 ESG 总得分均值为 27.98，还未达到总分 1/3 的水平，ESG 总得分的标准差为 5.40，最小值与最大值相差近 10 分，表明行业内各企业对 ESG 的投入存在较大差异，侧面反映出我国批发零售业还未形成有行业共识性的 ESG 相关政策法规，监管机构的引导还有待加强。另外，环境（E）、社会（S）和治理（G）各分项得分的均值分别为 3.01、29.77 和 45.37，也均小于 50 分。其中环境（E）得分的均值最小，仅为 3.01，究其原因，可能并非是批发零售业可披露的与环境污染和治理有关的方面较少，比如农产品批发市场的排污、包装物材料的处理等都是对环境产生重要影响的因素，而是因为批发零售企业还缺乏自愿披露相关环境信息的意识，导致数据收集过程中很多企业的得分都为 0。此外，由得分最高的企业为 27.71 分可知，目前批发零售业内的各企业在披露 ESG 相关信息与贯彻 ESG 相关理念的力度等方面仍存在很大的改善空间，更加凸显了批发零售业需要加大对与 ESG 有关信息的关注的紧迫性，这也为国家和行业加快制定相关的 ESG 政策提供了事实依据。

表 7.5　2019 年批发零售业 ESG 得分的描述性统计

变量	样本量	均值	标准差	最小值	中位数	最大值
环境（E）得分	166	3.01	7.10	0	0	27.71
社会（S）得分	166	29.77	11.03	13.90	27.10	92.90
治理（G）得分	166	45.37	6.78	28.19	45.72	63.61
ESG 总得分	166	27.98	5.40	17.30	49.21	26.73

资料来源：首都经济贸易大学中国 ESG 研究院 ESG 数据库。

7.2.2　相关性检验

7.2.2.1　ESG 总得分与其他四种 ESG 评价得分的相关性检验

表 7.6 展示了本项研究得到的 ESG 总得分与 Wind 金融数据库中可获得的四种 ESG 评价得分的皮尔逊相关性检验结果，这四种 ESG 评价得分分别为华证指数、富时罗素指数、社会价值投资者联盟指数与商道融绿指数。对于其中的定性指标，课题组按照评级标准进行了量化处理。将本项研究的 ESG 总得分与四个目前市场上通用的 ESG 评价得分进行相关性测试，旨在检验本项研究过程的科学性和成果的可靠性。在表 7.6 中，第一列即为本项研究的 ESG 总得分分别与从 Wind 数据库获取的四种指数的相关性系数检验的结果。可以看到，ESG 总得分与富时罗素指数、华证指数、社会价值投资者联盟指数均在 1% 的水平上显著正相关。尽管与商道融绿指数的相关性系数在统计上不显著，但也为正值。这在一定程度上表明，本项研究的评价结果与目前其他机构开展的中国企业 ESG 评价保持了一致性。

7.2.2.2　环境（E）、社会（S）、治理（G）分项得分与总得分的相关性检验

表 7.7 展示了本项研究得到的各企业的环境（E）得分、社会（S）得分和治理（G）得分的相关性检验结果，旨在分析企业对环境（E）、社会（S）和治理（G）三方面的关注度和投入是否保持在相持的水平，或是更侧重于单方面的表现。表 7.7 的结果显示，环境（E）、社会（S）

· 191 ·

表 7.6　ESG 总得分与目前通用的四种 ESG 指数的相关性检验

	ESG 总得分	富时罗素指数	华证指数	社会价值投资者联盟指数	商道融绿指数
ESG 总得分	1				
富时罗素指数	0.651***	1			
华证指数	0.574***	0.653***	1		
社会价值投资者联盟指数	0.721***	0.655**	0.754***	1	
商道融绿指数	0.096	0.129	0.124	0.277	1

注：*、**、***分别表示在 10%、5% 和 1% 的水平下显著。

资料来源：Wind 金融数据库、首都经济贸易大学中国 ESG 研究院 ESG 数据库。

与治理（G）两两之间，只有治理（G）与社会（S）得分是显著相关的，环境（E）与社会（S）和治理（G）均不相关。结合表 7.5 对批发零售业 ESG 得分的描述性统计，这可能是由于批发零售业的环境（E）信息披露存在很大不足而引致很多企业得分较低所致。未来，批发零售业需要在国家政策的引导下重点加强环境及生态可持续发展方面的投入，加强批发零售企业在环境（E）方面的信息披露。

表 7.7　ESG 各分项得分间的相关性检验

变量	环境（E）得分	社会（S）得分	治理（G）得分
环境（E）得分	1		
社会（S）得分	0.121	1	
治理（G）得分	0.028	0.237***	1

注：*、**、***分别表示在 10%、5% 和 1% 的水平下显著。

资料来源：Wind 金融数据库、首都经济贸易大学中国 ESG 研究院 ESG 数据库。

7.2.3　国有与非国有批发零售企业 ESG 得分的组间均值差异检验

作为对上述基础检验结果的延伸，本项研究进一步区分了国有与非国

有性质的批发零售企业的 ESG 总得分与分项得分的差异。表 7.8 的结果
表明，国有性质的批发零售企业约占总样本量的 45.78%。在国有性质的
批发零售企业中，治理（G）得分和 ESG 总得分分别在 1% 和 5% 的水平
上显著高于非国有企业。而国有企业的环境（E）得分和社会（S）得分
虽然也大于非国有企业，但两者没有显著差异。该结果也能在一定程度上
表明，相比于非国有企业，批发零售业的国有企业对 ESG 整体方面的重
视程度更高，而且尤为重视公司治理。

表 7.8　国有与非国有批发零售企业的 ESG 各得分的组间均值差异检验

变量	国有企业	非国有企业	t 值
环境（E）得分	3.23	2.81	− 0.38
社会（S）得分	30.41	29.21	− 0.69
治理（G）得分	47.09	43.92	− 3.07***
ESG 总得分	28.93	27.18	− 2.10**
样本量	76	90	

注：*、**、*** 分别表示在 10%、5% 和 1% 的水平下显著。

资料来源：Wind 金融数据库、首都经济贸易大学中国 ESG 研究院 ESG 数据库。

7.2.4　ESG 得分与日个股回报率的关系分析

图 7.2 展示了 ESG 总得分高低不同的两组批发零售企业在日个股回
报率上的差异。其中 ESG 总得分高、低组的划分是以中位数 49.21 为依
据，将大于等于中位数的企业划分为 ESG 高得分组，将低于中位数的企
业划分为 ESG 低得分组。图 7.2 中纵轴为对应日期的日个股回报率（考
虑现金分红）；横轴为 2019 年 1 月 2 日至 2020 年 12 月 1 日的股票交易
日，为了更清晰直观地展示不同组别下日个股回报率的差距及变动趋势，
课题组仅选择了每个月的第一个交易日，共 24 个时间点上的两组数值进
行比较。由图 7.2 的结果可知，在 2020 年初的新冠肺炎疫情暴发前后，

ESG 高得分组与 ESG 低得分组的日个股回报率的变化趋势均没有明显差异。但还是可以看出，当日个股回报率的下降趋势较明显时，ESG 得分低组的下降幅度比 ESG 得分高组的下降幅度要更加明显，也可以在一定程度上说明 ESG 得分低组的批发零售企业的日个股回报率的波动幅度更大，更加不稳定。而 ESG 得分比较高的企业的日个股回报率的波动则相对比较小，因此 ESG 可以提供一种保险机制以降低企业在遭受危机时的损失和不确定性。从总体结果上看，ESG 能在一定程度上预测日个股回报率的表现，且零售行业企业的 ESG 评分与日个股回报率之间的关系能基本反映 ESG 评价的实质性原则。随着 ESG 研究的不断深入，在一般性和特殊性原则相结合的前提下，未来将会进一步提高 ESG 预测的准确性，为投资机构等利益相关者的投资决策提供支持。

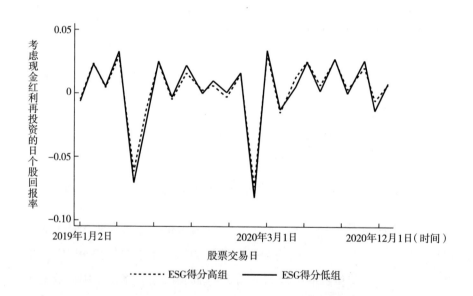

图 7.2 ESG 得分与日个股回报率的关系分析

资料来源：Wind 金融数据库、首都经济贸易大学中国 ESG 研究院 ESG 数据库。

7.3　金融业与批发零售业的 ESG 表现比较

7.3.1　环境（E）维度比较

表 7.9 展示了 2019 年金融业企业和批发零售业企业在环境（E）维度上的表现差异度的描述性统计结果。由表 7.9 列示的结果可知，本项研究共涵盖了 2019 年的 120 家金融业企业以及 166 家批发零售业企业，按照评分标准分别得到每家企业在环境（E）维度上的加权分数的基础上进行了 T 检验，以比较金融业与批发零售业两个不同行业的企业在环境（E）维度上的表现差异及原因。

表 7.9　2019 年金融业与批发零售业上市企业 ESG
各维度及总体独立样本 T 检验

变量	金融业（N=120）		批发零售业（N=166）		独立样本 T 检验	
	均值	标准差	均值	标准差	t 值	p 值
环境（E）	42.4250	22.1268	3.0052	7.1032	18.8272***	0.0000
社会（S）	31.9634	12.4157	29.7657	11.0326	1.5472	0.1232
治理（G）	49.2862	8.06551	45.3679	6.7827	4.3290***	0.0000
ESG	42.3741	10.0373	27.9784	5.3991	14.2878***	0.0000

注：＊、＊＊、＊＊＊分别表示在 10%、5% 和 1% 的水平下显著。

资料来源：Wind 金融数据库、首都经济贸易大学中国 ESG 研究院 ESG 数据库。

从结果中可以看到，t 值为 18.8272，备择假设 p 值显著，则拒绝原假设。总体上表明金融业企业和批发零售业企业在环境（E）方面的表现相差较大，并且金融行业企业在环境（E）方面的表现优于批发零售业企业。

从各统计指标的结果来看，120 家金融业企业在环境（E）维度上的分数平均值为 42.4250，低于 50 分，表现不容乐观；标准差为 22.1268，意味着行业内各企业在环境（E）方面的投入相差很大。166 家批发零售业企业在环境（E）维度上的平均值为 3.0052，得分极低；标准差为 7.1032，因此行业内对环境（E）的投资波动较大。由此可见，相较于批发零售业企业，金融业企业在环境（E）方面的投入极不均衡。这可能与金融行业本身的行业性质有关，因为金融行业在资源消耗和污染物排放等方面均较少，所以就其行业性质来说在环境（E）方面的投入也会相对较少，但不乏有个别企业由于政策引导或企业在可持续发展方面的意识较强，从而会加大在环境（E）方面的投入，因此行业内在环境（E）方面的投入呈现较大差异。另外，从批发零售业企业在环境（E）维度上的均值和标准差上看，得分低且差异大的原因可能在于，相较于金融业，批发零售业企业缺乏自愿披露相关环境信息的意识，导致数据收集过程中很多企业的得分都为 0。由此反映出我国批发零售业企业对环境（E）维度相关信息的披露意识与贯彻 ESG 相关理念的力度等方面仍存在很大的提升空间，亟须政府监管部门的引导和相关政策法规的制定。

7.3.2 社会（S）维度比较

表 7.9 展示了 2019 年金融业企业和批发零售业企业在社会（S）维度上的表现差异度的描述性统计结果。由表 7.9 列示的结果可知，本项研究共涵盖了 2019 年的 120 家金融企业以及 166 家批发零售业企业，按照评分标准分别得到每家企业在社会（S）维度上的加权分数的基础上进行了 T 检验，以比较金融业与批发零售业两个不同行业的企业在社会（S）维度上的表现差异性。

从结果中可以看到，t 值为 1.5472，分值较小；备择假设 p 值不显著。总体上表明金融业企业和批发零售业企业在社会（S）方面的投入和表现无差异。

从各统计指标的结果来看，120 家金融企业在社会（S）维度上的平均值为 31.9634，仅为总分的约 1/3 水平；标准差为 12.4157，行业内对社会（S）方面的投入差距较大。166 家批发零售业企业在社会责任（S）维度上的平均值为 29.7657，不及总分的 1/3 水平；标准差为 11.0326，行业内对社会（S）方面的投入差距同样较大。因此，金融业和批发零售业两个行业均存在在社会（S）方面的投入不均衡的问题，需要政府监管部门的引导和相关法规政策的制定和出台，以规范企业行为，加强企业树立社会责任意识。

7.3.3　治理（G）维度比较

表 7.9 展示了 2019 年金融业企业和批发零售业企业在治理（G）维度上的表现差异度的描述性统计结果。由表 7.9 列示的结果可知，本项研究共涵盖了 2019 年的 120 家金融企业以及 166 家批发零售业企业，按照评分标准分别得到每家企业在治理（G）维度上的加权分数的基础上进行了 T 检验，以比较金融业和批发零售业两个不同行业的企业在治理（G）维度上的表现差异。

从结果中可以看到，t 值为 4.3290，备择假设 p 值显著，则拒绝原假设。总体上表明金融业企业和批发零售业企业在治理（G）方面的表现差异较大，并且金融业企业在治理（G）方面的表现优于批发零售业企业。

从各统计指标的结果来看，120 家金融业企业在治理（G）维度上的平均值为 49.2862，得分不到 50 分，其表现不容乐观；标准差为 8.06551，表明最大值与最小值相差较大，行业内在治理（G）方面的投入差异较大。166 家批发零售业企业在治理（G）维度上的平均值为 45.3679，表现同样不容乐观；标准差为 6.7827，行业内在治理（G）方面的投入波动较大。总体上，相较于批发零售业，金融业企业在治理（G）方面的投入更不稳定。这在一定程度上反映出，我国金融行业虽然在 ESG 方面起步早、发展较快，但仍存在诸如信息披露的充分度、可信度方面不足的问题，因此需要政府监管部门进一步出台相关法律政策，对企业行为进行引导和制约，不断提升金融行业企业的治理（G）水平，促进我国绿色金融市场发展。

7.3.4　ESG 总体表现比较

表 7.9 展示了 2019 年金融业企业和批发零售业上市企业在环境（E）、社会（S）和治理（G）三个维度总体上的表现差异度的描述性统计结果。由表 7.9 列示的结果可知，本项研究共涵盖了 2019 年的 120 家金融业企业以及 166 家批发零售业企业，按照评分标准分别得到每家企业在环境（E）、社会（S）及治理（G）各分项得分的基础上，根据各分项的权重汇总得到了各企业的 ESG 总得分，在此基础上进行了 T 检验，以比较金融业和批发零售业两个不同行业的企业在 ESG 总体上的表现差异。

从结果中可以看到，t 值为 14.2878，数值较大；备择假设 p 值显著，则拒绝原假设。总体上表明金融业企业与批发零售业企业在 ESG 总体上的投入和表现差距较大，并且金融业企业在 ESG 的总体表现上优于批发零售业企业。

从各统计指标的结果来看，120 家金融业企业在 ESG 总体上的平均值为 42.3741，总得分不及 50 分，总体表现不容乐观；标准差为 10.0373，最大值与最小值相差大，行业内 ESG 投入极不均衡。166 家批发零售业企业在 ESG 总体上的平均值为 27.9784，不及总分的 1/3 水平，总体表现较差；标准差为 5.3991，最大值与最小值相差较大，行业内 ESG 投入不均匀。因此，相较于批发零售业，金融业企业在 ESG 总体上的投入水平较高，但各企业之间投入水平差距较大，行业内的 ESG 投入波动较大。通过比较分析，在一定程度上可反映出我国金融业和批发零售业企业在 ESG 方面的努力和投入均存在较大不足，企业对 ESG 理念的贯彻和进一步深化仍有较大改善空间，仍需政府监管部门、高校等智库平台以及投资机构等外部治理机构共同推动我国金融业企业和批发零售业企业的 ESG 理念的践行与发展。

第8章 未来评价展望

依据中国 ESG 研究院制定的 ESG 披露标准，结合中国企业 ESG 实践，并基于对国内外评价体系的比较和系统梳理，课题组确定了适宜我国企业的评价准则、评价指标、指标权重及评价方法，并对金融业和批发零售业上市公司的 ESG 表现进行了评价与分析。但当前的 ESG 评价体系尚存在改善空间，例如可以从优化指标体系、扩大样本研究、形成系列产品、评价体系与披露标准融合等方面不断进行改进，从而能够实现对我国 ESG 评价标准与评价体系的进一步完善。因此，未来课题组将持续开展中国企业 ESG 评价工作，具体如下。

8.1 优化指标体系

第一，在数据获取的来源上，此次评价工作主要针对两个行业上市公司 2019 年度社会责任报告，并辅以年报及其他公开渠道的数据（包括 Wind 数据库、国泰安数据库等）而成。未来可考虑从其他渠道获取评价对象更多的数据点，获取当前未涉及的其他层面的数据信息，比如新闻媒体等第三方评价内容、高管发言、问卷调查等。第二，在指标的选取上，当前评价体系中大部分指标均为量化指标，相对缺乏非量化指标的支撑。

诚然，量化指标有其客观性优势，但在此基础上辅以一些定性描述则可以提供更多的隐性信息，这些信息和内容不易体现在现有量化数据中。有鉴于此，课题组未来将尝试采用文本分析等方法对年报中的管理层讨论与分析、新闻媒体报道等相关内容进行编码、赋值、提炼，实现定量指标与定性指标的有机结合，以使所得评价体系、评价指标和评价标准更加客观精确。第三，以研究院制定的 ESG 披露标准为基础，当前评价体系选择了能够获取数据的 68 个指标。未来，在研究院及其他机构的倡议下，加之《社会责任指南》（GB/T 36000 –2015）、《社会责任报告编写指南》（GB/T 36001 –2015）等国家标准对于企业非财务信息的披露要求、利益相关者的诉求等，相信企业会披露更多与 ESG 相关的信息和内容，从而为未来更新的 ESG 评价指标体系提供更丰富的指标和数据来源。第四，在各指标的权重分配上，此次评价工作邀请了多名理论界与实践界的专家讨论打分，以有效反映不同指标在 ESG 得分上的贡献。未来可以引入机器学习等手段优化不同指标的权重，进一步提升指标体系的科学性、针对性和扎实性。

8.2　扩大研究样本

囿于时间的限制及样本数据的可获得性，此次评价工作仅选择了金融业和批发零售业两个行业进行 ESG 得分的计算与分析，从行业覆盖面来看还有所欠缺。为实现评价行业全覆盖、评价结果和评价体系的针对性、准确性，未来将在以下方面做出努力：第一，在研究院未来制定出各行业的 ESG 披露标准基础上，课题组将对所有行业 A 股上市公司的 ESG 表现进行评价，确定出各行业特定的评价体系、评价指标及评价方法，以期能够将 ESG 评价体系精准定位到各行各业，充分适应并满足不同行业的个性化评价需求，让评价结果更加科学有效。第二，展开行业间评价体系的对比分析，形成 ESG 评价体系网络，实现评价体系的全覆盖、无遗漏。第三，除对上市公司开展 ESG 评价外，课题组也将承接不同部门的 ESG 评价课题，对特定类型的企业 ESG 表现进行评价。比如，某地国资委下属的地方国有企业、某行业协会的会员企业等。第四，课题组也将着眼于 ESG 评价的地域性差异，针对各省份等进行个性化的、具有地区特色的 ESG 评价体系，从而消除地域差异所带来的评价误差。第五，课题组还将以与此次评价工作类似的方法论，对债券类金融产品进行 ESG 评价。

8.3　形成系列产品

以此次评价工作以及未来的进一步推进为基础，研究院将构建中国企业 ESG 评价数据库，并利用数据库形成系列与 ESG 得分相关的产品。从学术领域来看，对各公司 ESG 得分与绩效、市场价值、战略行为、治理成效等变量之间的关系进行实证检验，形成研究论文，发表在国内外权威期刊上；同时，撰写 ESG 评价相关专著，以达到增强 ESG 评价体系的学术影响力和社会影响力的效应。从投资实业界角度来看，基于 ESG 评价结果形成 ESG 投资方法及投资产品，基于绿色投资理念和 ESG 评价标准来进行投资风险分析，将 ESG 评价体系、评价标准与企业风险投资进行有机融合，为投资机构制定投资决策提供数据支持。从国家政策角度来看，结合国家"十四五"规划中提到的绿色金融发展理念，2021 年"两会"首次写入政府工作报告的"碳中和、碳达峰"战略目标，根据 ESG 评价报告形成政策建议，以助推政府部门出台促进 ESG 发展的相关政策，同时为政府监管部门制定绿色企业的筛选标准提供参考，充分发挥政府在绿色经济发展战略落地中的重要引导作用。从企业个体层面来看，在 ESG 评价体系全面完成后，能够单独为具体公司出具详细的 ESG 评价报告，以更具有针对性、指向性的数据为企业提出在环境保护、社会责任和公司治理中存在的不足，鼓励公司在 ESG 表现的弱项上持续改进。这些系列产品的推广，将助力新发展格局下中国 ESG 生态系统的构建，从而推动我国经济社会的高质量发展。

8.4　完善披露机制

在 ESG 评价体系制定过程中，企业 ESG 相关指标数据披露的不完整是此次工作中面临的最大问题，特别是环境（E）指标的缺失问题尤为严重。在查阅《上市公司社会责任报告》、国泰安数据库（CSMAR）、万得数据库（Wind）等公开数据资源后发现，社会（S）和治理（G）层面的数据指标的披露相对较多，而针对环境（E）的披露则寥寥无几，这给评价体系的制定和具体评价工作的开展带来了极高的难度。因此，随着后续 ESG 评价工作的展开，将着力把 ESG 评价指标设定为上市公司信息披露的必要条目，从而保障后续评价工作的顺利开展，具体可通过建议进一步修订《社会责任指南》《社会责任报告编写指南》等国家标准的相关条款，从法律层面上推动信息披露成为一项常态化机制。此外，由于中国证监会于 2012 年 9 月审议通过了《非上市公众公司监督管理办法》（以下简称《办法》），自 2013 年 1 月起施行，该《办法》从公司治理、股票转让、定向发行、信息披露、监督管理及法律责任等角度对非上市公众公司行为和责任进行了规范。因此，在保证上市公司完成上述指标披露的基础上，可以通过联合中国证监会来进一步推动非上市公众公司信息披露的工作。具体来说，为了促使非上市公众公司对 ESG 评价各项指标进行有效披露，中国 ESG 研究院可通过向中国证监会提议，就非上市公众公司信息披露问题进行管理办法的修订，从而大力推动 ESG 评价体系的进一步发展，保障 ESG 评价体系的切实可行和落地。

8.5 树立标杆企业

开展 ESG 评价的根本目的是服务于企业的可持续发展、经济发展和生态环境的良性互动。为了确保并证实中国 ESG 研究院所建立的评价体系的真实性、准确性和可操作性，在后续的研究工作中要致力于对接具体企业，在每个行业中选取有代表性的企业作为案例样本，打造标杆性的企业 ESG 典范，形成优秀 ESG 企业案例库。通过树立标杆企业，一方面能够以实际案例的形式来验证本课题组所制定的中国 ESG 评价体系的有效性、科学性以及后续分析方法落地的可行性；另一方面可以提升政府、投资界、企业界和社会公众对于此评价体系的认可度和信任度，进而为 ESG 评价体系向全社会推广、推动企业发展 ESG 实践助力。

参考文献

［1］KLD：https：//www. kldiscovery. com.

［2］MSCI：https：//www. msci. com/our – solutions/esg – investing/esg –
ratings.

［3］Sustainalytics：https：//www. sustainalytics. com.

［4］Vigeo Eiris：https：//vigeo – eiris. com.

［5］标普道琼斯：https：//www. spglobal. com/spdji/en/.

［6］富时罗素：https：//www. ftserussell. com.

［7］华证：http：//www. chindices. com/.

［8］嘉实基金：https：//www. jsfund. cn/main/home/index. shtml.

［9］润灵全球：http：//www. rksratings. cn/.

［10］商道融绿：http：//www. syntaogf. com/index_CN. asp.

［11］社会价值投资联盟：https：//www. casvi. org/.

［12］汤森路透：https：//www. thomsonreuters. com/en. html.

［13］中国证券投资基金业协会：https：//www. amac. org. cn/.

［14］中央财经大学绿色金融国际研究院：http：//iigf. cufe. edu. cn/.

［15］Al – Tuwaijri S A, Christensen T E, Hughes K E. The Relations
among Environmental Disclosures, Environmental Performance, and Economic
Performance：A Simultaneous Equations Approach ［J］. Accounting Organiza-
tions and Society, 2004, 29 (5 – 6)：447 – 471.

［16］ Awaysheh A, Heron R A, Perry T, Wilson J I. On the Relation Between Corporate Social Responsibility and Financial Performance ［J］. Strategic Management Journal, 2020, 41 (1): 965 – 987.

［17］ Barnett M L, Salomon R M. Beyond Dichotomy: The Curvilinear Relationship Between Social Responsibility and Financial Performance ［J］. Strategic Management Journal, 2006, 27 (11): 1101 – 1122.

［18］ Barnett M L, Salomon R M. Does It Pay to Be Really Good? Addressing the Shape of the Relationship Between Social and Financial Performance ［J］. Strategic Management Journal, 2012, 33 (11): 1304 – 1320.

［19］ Berg F, Koelbel J F, Rigobon R. Aggregate Confusion: The Divergence of ESG Ratings ［R］. Working Paper, 2020.

［20］ Chatterji A K, Toffel M W. How Firms Respond to Being Rated ［J］. Strategic Management Journal, 2010, 31 (9): 917 – 945.

［21］ Davidson R H, Dey A, Smith A J. CEO Materialism and Corporate Social Responsibility ［J］. Accounting Review, 2019, 94 (1): 101 – 126.

［22］ Del Giudice A, Rigamonti S. Does Audit Improve the Quality of ESG Scores? Evidence from Corporate Misconduct ［J］. Sustainability, 2020, 12 (14): 5670.

［23］ Drempetic S, Klein C, Zwergel B. The Influence of Firm Size on the ESG Score: Corporate Sustainability Ratings under Review ［J］. Journal of Business Ethics, 2020, 167 (2): 333 – 360.

［24］ Du X Q. Corporate Environmental Performance, Accounting Conservatism, and Stock Price Crash Risk: Evidence from China ［J］. China Accounting and Finance Review, 2018, 3 (20): 1.

［25］ Fu R C Y, Tang Y, Chen G L. Chief Sustainability Officers and Corporate Social Responsibility ［J］. Strategic Management Journal, 2020, 41 (4): 656 – 680.

［26］ Garcia F, González – Bueno J, Guijarro F, Oliver J. Forecasting the Environmental, Social, and Governance Rating of Firms by Using Corporate Financial Performance Variables: A Rough Set Approach [J]. Sustainability, 2020, 12 (8): 3324.

[27] Lee D D, Fan J H, Wong V S H. No More Excuses! Performance of ESG – integrated Portfolios in Australia [J]. Accounting and Finance, 2021, 61 (S1): 2407 – 2450.

[28] Liang H, Renneboog L. Corporate Social Responsibility and Sustainable Finance: A Review of the Literature [R]. Working Paper, 2020.

[29] Matsumura E M, Prakash R, Sandra C. Firm – Value Effects of Carbon Emissions and Carbon Disclosures [J]. Accounting Review, 2014, 89 (2): 695 – 724.

[30] Rajesh R. Exploring the Sustainability Performances of Firms Using Environmental, Social, and Governance Scores [J]. Journal of Cleaner Production, 2020 (247): 965 – 987.

[31] Rockstrom J, Steffen W, Noone K, Persson A, Chapin F S, Lambin E F, et al. A Safe Operating Space for Humanity [J]. Nature, 2009, 461 (7263): 472 – 475.

[32] Surroca J, Tribo J A, Waddock S. Corporate Responsibility and Financial Performance: The Role of Intangible Resources [J]. Strategic Management Journal, 2010, 31 (5): 463 – 490.

[33] Torre M L, Mango F, Cafaro A, Leo S. Does the ESG Index Affect Stock Return? Evidence from the Eurostoxx50 [J]. Sustainability, 2020, 12 (16): 6387.

[34] Widyawati L. Measurement Concerns and Agreement of Environmental Social Governance Ratings [J]. Accounting and Finance, 2021, 61 (S1): 1589 – 1623.

[35] Zhao C, Yu G, Yuan J. ESG and Corporate Financial Performance: Empirical Evidence from China's Listed Power Generation Companies

［J］．Sustainability，2018，10（8）：2607.

［36］Zhou Y，Wang K，Wang K. Understanding the Role of Ownership Concentration in Bank Environmental Lending ［J］．Journal of Cleaner Production，2020（277）：123372.

［37］Liu P. 投资者情绪、ESG 评级与股票超额收益 ［D］．杭州：浙江大学硕士学位论文，2020.

［38］操群，许骞. 金融"环境、社会和治理"（ESG）体系构建研究 ［J］．金融监管研究，2019（4）：95－111.

［39］陈宏辉，贾生华. 企业利益相关者三维分类的实证分析 ［J］．经济研究，2004，39（4）：80－90.

［40］费孝通. 乡土中国 ［M］．北京：人民出版社，2008.

［41］冯梅，闫雅芬，吴迪. 基于负外部性视角下中国工业环境责任评价体系研究 ［J］．宏观经济研究，2019（4）：63－72，152.

［42］贺立龙，朱方明，陈中伟. 企业环境责任界定与测评：环境资源配置的视角 ［J］．管理世界，2014（3）：186－187.

［43］黄群慧，彭华岗，钟宏武，张蒽. 中国100强企业社会责任发展状况评价 ［J］．中国工业经济，2009（10）：25－37.

［44］蒋琰，陆正飞. 公司治理与股权融资成本——单一与综合机制的治理效应研究 ［J］．数量经济技术经济研究，2009，26（2）：60－75.

［45］李婷婷，王凯. 打造 ESG 生态体系，助推经济高质量发展［J］．当代经理人，2020（3）：32－36.

［46］李维安，张耀伟，郑敏娜. 中国上市公司绿色治理及其评价研究 ［J］．管理世界，2019，35（5）：126－160.

［47］李维安. 欲不搞空洞治理，须端正治理理念 ［J］．南开管理评论，2012，15（4）：主编寄语.

［48］孟斌，沈思祎，匡海波，李菲，丰昊月. 基于模糊－Topsis 的企业社会责任评价模型——以交通运输行业为例 ［J］．管理评论，2019，31（5）：191－202.

[49] 倪骁然. 卖空压力、风险防范与产品市场表现：企业利益相关者的视角 [J]. 经济研究, 2020 (5)：187 – 202.

[50] 裴长洪, 黄群慧, 许宪春, 李雪松, 张永生. 学习党的十九届五中全会精神笔谈 [J]. 财贸经济, 2020 (12)：1 – 17.

[51] 邱牧远, 殷红. 生态文明建设背景下企业 ESG 表现与融资成本 [J]. 数量经济技术经济研究, 2019, 36 (3)：108 – 123.

[52] 社投盟. KLD：可持续发展金融的初代拓荒者 [EB/OL]. https：//www. casvi. org/h – nd – 1045. html, 2021.

[53] 孙冬, 杨硕, 赵雨萱, 袁家海. ESG 表现、财务状况与系统性风险相关性研究——以沪深 A 股电力上市公司为例 [J]. 中国环境管理, 2019, 11 (2)：37 – 43.

[54] 唐晓萌, 柳学信. ESG 在中国的发展及建议 [J]. 当代经理人, 2020 (3)：3 – 7.

[55] 汪贤武. 通信服务业企业社会责任评价研究——基于多层次 – 模糊综合评价方法 [J]. 华东经济管理, 2015 (7)：138 – 142.

[56] 王静. 我国绿色金融发展驱动因素与进展研究 [J]. 经济体制改革, 2019 (5)：136 – 142.

[57] 星焱. 责任投资的理论构架、国际动向与中国对策 [J]. 经济学家, 2017 (9)：44 – 54.

[58] 徐泓, 朱秀霞. 低碳经济视角下企业社会责任评价指标分析 [J]. 中国软科学, 2012 (1)：153 – 159.

[59] 于帆. GB/T 36001 – 2015《社会责任报告编写指南》国家标准解读 [J]. 标准科学, 2015 (10)：11 – 13, 27.

[60] 于涵. 环境、社会、公司治理（ESG）对金融中介机构绩效的影响研究 [D]. 长春：吉林大学硕士学位论文, 2020.

[61] 中国工商银行绿色金融课题组, 张红力, 周月秋, 殷红, 马素红, 杨荇, 邱牧远, 张静文. ESG 绿色评级及绿色指数研究 [J]. 金融论坛, 2017, 22 (9)：3 – 14.

［62］周方召，潘婉颖，付辉．上市公司 ESG 责任表现与机构投资者持股偏好——来自中国 A 股上市公司的经验证据［J］．科学决策，2020（11）：15 – 41.

［63］邹洋．ESG 中"G"的定位与难题——由 PG&E 申请破产引发的思考［J］．当代经理人，2020（3）：20 – 24.